国家自然科学基金项目(51478226,51869001,41977236)资助

煤体非均质随机裂隙模型及渗流-应力耦合分析

于永江　著

中国矿业大学出版社

·徐州·

内 容 提 要

　　本书系统介绍了作者近年来在非均质随机裂隙煤岩体渗流方面所取得的研究成果与进展。全书共 8 章,主要内容包括:绪论,煤岩体力学特性,非均质煤岩体剪胀扩容模型研究,煤体中瓦斯运移过程中的固-气耦合模型研究,煤体的非均质表征方法及渗流-应力耦合数学模型研究,随机裂隙展布的渗流-应力耦合研究,非均质、随机裂隙展布煤的表征模型及应用,考虑力学参数相关性的非均质煤力学参数赋值方法等。

　　本书可供从事采矿工程、岩土工程、隧道工程、安全工程等领域的工程技术人员、科研工作者及高校师生参考。

图书在版编目(C I P)数据

　　煤体非均质随机裂隙模型及渗流-应力耦合分析 / 于永江著. —徐州:中国矿业大学出版社,2022.5

　　ISBN 978 - 7 - 5646 - 5365 - 1

　　Ⅰ. ①煤… Ⅱ. ①于… Ⅲ. ①岩石力学②瓦斯渗透 Ⅳ. ①TD313②TD712

　　中国版本图书馆 CIP 数据核字(2022)第 067475 号

书　　名	煤体非均质随机裂隙模型及渗流-应力耦合分析
	Meiti Feijunzhi Suiji Liexi Moxing Ji Shenliu-yingli Ouhe Fenxi
著　　者	于永江
责任编辑	杨　洋
出版发行	中国矿业大学出版社有限责任公司
	(江苏省徐州市解放南路　邮编 221008)
营销热线	(0516)83884103　83885105
出版服务	(0516)83995789　83884920
网　　址	http://www.cumtp.com　E-mail:cumtpvip@cumtp.com
印　　刷	徐州中矿大印发科技有限公司
开　　本	787 mm×1092 mm　1/16　**印张** 8.5　**字数** 152 千字
版次印次	2022 年 5 月第 1 版　2022 年 5 月第 1 次印刷
定　　价	48.00 元

　　(图书出现印装质量问题,本社负责调换)

前　　言

煤层瓦斯抽采利用既可以解决煤层瓦斯排放污染环境和能源浪费问题,又能大幅降低煤层瓦斯含量,消除瓦斯突出和瓦斯爆炸的危险。煤的非均质性及其内随机分布裂隙影响煤的力学特性和渗流特性,甚至起控制作用。采用数值模拟方法分析煤层中瓦斯流动问题时,必须考虑煤储层基质块体的非均质力学特性及其内随机分布的裂隙,得到的计算结果才具有工程价值。可见,科学模拟煤储层的非均质力学特性及其内随机裂隙展布是数值模拟方法应用于煤层瓦斯抽采工程理论研究与工程设计的关键。本书综合应用实验室试验、理论分析、数值模拟等方法对非均质随机分布裂隙煤岩体渗流问题进行研究,本书的主要研究成果包括:

(1) 对煤的峰后软化特征和扩容行为进行了探讨,在已有研究成果基础上建立了考虑围压影响的煤峰后软化模型和扩容模型,并进行了数值算例验证,结果表明此模型能用以模拟分析围压作用下的煤岩剪胀扩容行为。

(2) 通过试验研究瓦斯在煤层内的渗流特征,得出对于"滑脱"效应不明显的煤在计算渗透率时优先采用路易斯(Louis)公式,由此建立了煤的变形和瓦斯流动的耦合模型;通过瓦斯抽采实例证明瓦斯压力分布关于井心对称。

(3) 通过试验研究煤块力学参数的统计分布规律,利用 Weibull 分布模拟煤的非均质力学参数,建立了考虑煤的非均质力学特性的概率模型,进而建立了非均质煤的渗流-应力耦合模型;瓦斯抽采实例研究表明:瓦斯压力、煤的有效应力和煤变形都是非对称的。

（4）研究了煤层内随机裂隙的模拟方法，建立了随机裂隙煤的概率表征模型，进而建立了随机裂隙煤的渗流-应力耦合模型。研究结果表明：与瓦斯抽采井连通的裂隙对瓦斯运移的影响大于与抽采井不连通的裂隙。

（5）建立了非均质、随机裂隙煤的表征模型，给出了非均质随机裂隙虚拟煤体生成步骤，编制了相应的虚拟煤体生成程序。

（6）通过试验研究了煤的力学参数之间的相关性规律，建立了考虑力学参数关联的非均质煤概率模型。研究结果表明：该模型能很好地模拟非均质煤的非线性破坏过程。

作　者

2022 年 3 月

目 录

1　绪　　论

1.1　选题意义

　　瓦斯灾害仍是世界上煤矿矿井中不能有效遏制的、频繁发生的、伤亡人数最多的、造成损失最严重的灾害。我国绝大多数煤层为含瓦斯煤层,同时我国是产煤大国,也是世界上瓦斯灾害最严重的国家。遏制瓦斯灾害发生的根本性措施是降低煤层瓦斯含量,使高瓦斯煤层变成低瓦斯煤层,再进行开采,这已被实践证实。如何有效进行矿井煤层瓦斯抽采一直是瓦斯灾害防治技术研究的核心。目前煤层瓦斯抽采利用既可以解决煤层瓦斯排放污染环境和能源浪费问题,又能大幅度降低煤层瓦斯含量,消除瓦斯突出和瓦斯爆炸的危险,因此该项技术日益受到关注[1-5]。

　　煤层内的瓦斯绝大部分以吸附方式赋存于煤中,少部分以游离方式赋存于煤层裂隙内[3]。抽采瓦斯时,首先是游离瓦斯渗流至生产井,瓦斯压力降低,然后吸附瓦斯解吸,并在浓度梯度作用下从基质煤块向裂隙扩散。因此,煤层瓦斯抽采是瓦斯解吸、扩散、渗流和煤的变形的耦合过程,进行定量分析相当困难。相比理论分析和试验,数值模拟方法具有省时、省力、灵活、经济等诸多优势而成为煤层瓦斯抽采规律研究及工程设计的重要技术手段[6-7],然而有效模拟煤储层的工程特性是数值模拟方法应用于煤层瓦斯抽采工程理论研究与工程设计的关键[7]。

　　天然煤体是长期地质作用的产物,一般由裂隙和基质煤块系统[6]组成。一方面,煤基质块体是一种非均质材料,其内部含有尺度不一、形状各异的微、细观结构和损伤(如位错、晶界、微裂纹、微孔洞等),在外力作用下基质煤块内的天然损伤结构将张开、闭合或错动,产生新的裂隙,从而改变基质煤块的扩散、渗流特性。另一方面,煤也是一种天然的非连续地质体,在长期的地质历史过程中,煤体内孕育了大量的断层、裂隙、节理等结构弱面,这些结构弱面极大地影响着煤的力学和渗流特性,甚至起控制作用[7]。所以用任何一种方法分析煤层中瓦斯流动问题时,必须考虑煤的非均质、随机裂隙展布特性,只有这样得到的计算结果才具有工程价值。

1.2　煤岩体的非均质力学特性研究

工程岩体是一种非均质、非连续材料，其由空隙、孔隙、裂隙、固体颗粒等组成，各种原因致使这种微观结构在空间上具有随机性和变异性特征，从而使得工程岩体的力学参数如弹性模量、强度等也都具有空间上的随机性，结果是在外力作用下，岩体内的应力和应变分布不均，在持续加载条件下，岩体呈现非线性破坏。煤是一种工程岩体，在外力作用下表现出强烈的非均质、非连续和各向异性力学特性。国内外对岩体的非均质、非连续特征进行了大量研究，这些研究对煤的非均质、非连续性的表征方法研究具有启发意义。

煤岩体在外力作用下的岩石破裂是大量非均质岩石单元微观破裂过程的集合效应，因此岩石的破裂呈现明显的非线性。描述岩石的非线性破裂过程，其实质是如何描述岩石的非均质力学特性，国内外学者对此进行了大量研究。总体来讲，主要包括断裂力学模型、连续介质损伤力学模型和基于统计的连续介质细观损伤力学模型[8]。

1.2.1　断裂力学模型

断裂力学模型将岩石视为非均质材料，岩石内的裂隙通常被视为缺陷，并利用等效的圆孔或椭圆孔来模拟，外力荷载作用下含缺陷岩石的裂隙起裂、扩展机理用裂隙尖端的应力集中（应力强度因子）来描述[9]。断裂力学模拟岩石破裂过程的两个经典模型为开裂隙模型[10-12]和滑移裂隙模型[13-17]。在这两个模型基础上，对岩石的破裂过程做一定的假设和简化，可以求出应力强度因子的解析表达式[18-28]，进而可以很好地解释在简单应力状态下的裂纹起裂、扩展及岩石的非线性力学特性。为了模拟岩石内的裂隙起裂、扩展对岩石渗透率的影响，G. Simpson等提出了一个 LEFM 模型[29]。

断裂力学模型可以较好地解释岩石试样的起裂、扩展机理及峰值前的非线性力学行为，然而将该模型应用于工程实践还存在诸多问题。① 应用该模型需要确切知道岩石内初始裂隙的长度、方位、间距、裂隙的摩擦系数，然而准确确定这些参数目前还很难做到[30]。② 滑移裂隙模型假定裂隙沿最大主应力方向扩展，这种假设仅适用于应变硬化岩石的破裂。③ 滑移裂隙模型能准确描述室内岩样的力学响应，但对于天然岩样其适用性尚未被验证。④ 目前该模型在模拟岩石峰后力学特性（软化）方面还不理想。

综述上述缺陷，断裂力学模型应用于工程实践尚需进一步的发展。

1.2.2　连续介质损伤力学模型

连续介质损伤力学模型认为,岩石的极限强度很大程度上取决于岩石内部的微缺陷(损伤)。在外力作用下,岩石内部损伤发展、成核而逐渐破坏。研究表明:即使岩石没有进入破坏状态,这些岩石内部的损伤也极大影响着岩石的弹性模量和强度[31-37]。

损伤力学模型的建立主要包括三个关键要素:① 损伤的定义;② 损伤演化方程;③ 应力、应变、损伤之间的关系。损伤的定义可以考虑单个微裂隙的物理力学行为,也可以不考虑[36,38]。

连续介质损伤力学模型已广泛应用于模拟脆性材料的塑性、蠕变、疲劳等变形特征,并取得了丰硕的成果。例如,李树春等[39]以塑性应变作为损伤变量,建立了疲劳荷载作用下岩石的损伤演化方程。孙星亮等[40]基于不可逆热力学理论,通过引入能考虑冻土体积变形的塑性势函数,得到冻土弹塑性各向异性损伤本构方程。用塑性剪胀描述损伤,A. Dragon 等[41]建立了岩石的应变软化弹塑性本构模型。G. Frantziskonis 等[42]将体积应变分为弹塑性体变和无刚度损伤体变,以塑性应变为损伤变量建立了损伤模型。K. C. Valanis 等[43]基于弹性模量退化建立了损伤模型。此外,其他学者还建立了考虑各向异性损伤、剪胀等岩石材料力学特性的本构模型[44-48]。

连续介质损伤力学模型也可用于模拟分析岩体内的渗流问题。分析过程中,通常将岩体的损伤用损伤变量来描述,损伤区岩体的渗透率的变化也用损伤变量来描述,描述的关系式包括平行板模型及试验数据拟合方法等[49-52]。

连续介质损伤力学模型考虑了微观缺陷演化对材料力学性能的影响,具有明显的进步,但该类模型的不足是无法模拟岩石材料破裂过程中微缺陷之间的相互作用。

1.2.3　基于统计的连续介质细观损伤力学模型

就材料的破坏而言,另外一种看法是材料的破坏是材料内的随机缺陷在外力作用下起裂、发展及协同作用的结果,因此从统计观点研究岩石的破坏具有重要意义。

C. H. Scholz[53]通过对岩石破裂过程中反射的弹性波进行分析,首次从统计角度研究了岩石的破裂过程。他认为:岩石的非均质导致工程岩体内的应力分布不均,局部应力增大,当局部应力达到岩石的强度时,岩石局部发生破坏,承载能力下降,应力转移,并引起邻近的岩石单元破裂。在分析过程中,Scholz 将工程岩体单元化,并对每一个单元赋予弹性模量和强度。这种模拟方法取得了较好效果。J. A. Hudson 等[54]强调:岩石的强度不是固定不变的值,而是一个随机变量,Weibull 分布能较好地模拟其分布[55]。

C. A. Tang 等[56]提出岩石材料的非均质可以通过对岩石单元强度和弹性模量的赋值来体现,并认为两者都服从 Weibull 分布,每个单元都是弹脆性材料,残余强度为 0。以上述内容为基础,C. A. Tang 开发了岩石破裂分析系统 RFPA,利用 RFPA 能较好地模拟岩石力学特性的非均质及破裂过程。张明等[57]针对 RFPA 软件中的 Weibull 概率体元模型展开了详细讨论,认为对数正态分布的概率体元模型可以纳入岩石破坏过程分析系统的分布类型库中。梁正召等[58]将多种常见的概率分布引入数值模型,利用数值模拟软件,研究不同随机分布方法与分布参数对准脆性材料破坏过程的影响,研究表明采用对数正态分布函数来描述岩石类材料非均匀性比较合理,Weibull 随机分布模型具有物理概念清晰和应用简单的优势。Z. Fang 等[59-62]针对 RFPA 系统不能考虑围压对岩石力学性能退化影响的缺陷,提出一个新的模型,在这个模型中使用一个指数来描述岩石材料力学特性的退化过程,计算分析结果表明:使用该模型可以得到确定的岩石破裂模式,同时该模型能较好地反映围压对岩石破裂过程的影响。

将基于统计的损伤力学模型应用于渗流-应力耦合分析中,考虑岩石的非均质和破裂过程对岩石渗透性和水力学特征的影响也已受到广泛关注。C. A. Tang 和杨天鸿等先后将其应用于渗流-应力耦合分析中[50-52]。分析中将岩石的渗透性与损伤变量联系起来,通过试验确定二者之间的关系,这种方法较好地模拟了岩石损伤和破裂过程对渗流的影响。

上述研究较好地模拟了岩石的非均质力学特性及岩石破裂过程,尤其是基于统计的连续介质细观损伤力学模型较好地再现了岩石破坏全过程。当然,还有一些模型和方法也可以用于模拟分析岩石非均质力学特性及破裂过程,如离散单元法[63-70]、网模型法[71-74]等。

总体来看,基于统计的连续介质细观损伤力学模型的适用性广、概念明确、与试验成果吻合较好。然而不能回避一个事实:非均质是岩体力学特性的一个方面,不是全部,工程岩体的另一个特性是非连续性。基于统计的连续介质细观损伤力学模型能较好地模拟岩石块体的非均质特性和岩石块体的破裂过程,这已被大量室内岩石压缩试验所验证,但工程岩体是由岩石块体和结构面组成的复合体,结构面是岩体的重要组成部分,并对岩体的力学特性影响很大,而上述模型尚不能考虑工程岩体的非连续特性及其对岩体力学行为的影响。为了考虑岩体的非连续性(结构面)对工程岩体力学行为的影响,国外学者提出了随机裂隙网络模拟方法。

1.3　煤岩体的非连续力学特性研究

随机裂隙网络(discrete fracture network,简称 DFN)方法是于 1980 年被提出的一种岩体类材料非连续性模拟方法[75-85],至今已广泛用于模拟土木工程、环境工程和地下储层等。该方法认为岩体裂隙网络是流体流动的主要场所,如果岩体内的裂隙分布并不均匀,采用等效连续介质模拟岩体内的流体流动与传输会产生很大误差,这时可采用 DFN 模型进行模拟分析[86-91]。

DFN 模型模拟分析方法是从岩体结构和形态出发,基于大量的野外岩体结构面实测资料,应用统计和蒙特-卡洛随机模拟技术研究岩体中大量随机结构面的方法。其基本思路是:① 选取工程岩体的特征尺度为研究区域,利用测线法或统计窗法对研究区域裂隙的几何结构信息进行测量和调查;② 对裂隙测量数据进行统计分析,建立各组裂隙几何结构要素的概率模型,并通过数据拟合方式确定概率模型中的特征参数;③ 利用蒙特-卡洛随机模拟技术进行随机模拟分析,确定各组裂隙的条数、迹长、中心、隙宽等几何要素;④ 结合现场测量数据,对各组裂隙的模拟结果进行有效性检验,生成随机裂隙网络。

很明显,DFN 模型存在一些缺陷:① 某些尺度的裂隙可能不存在统计分布规律或者模拟的随机裂隙网络与实际测量裂隙只是统计意义上的一致,这种模拟方法并不严谨。② 随机数所具有的随机性使得采用这种方法生成的裂隙网络不具有精确的可重复性。③ 用来进行统计分析的地质剖面、钻孔等基础数据有限,另外观测到的数据存在是否具有充分的代表性问题,等等。然而在当前研究水平上,这是一条合理、可行的方法,因此该模型已广泛用于分析裂隙岩体工程。

在裂隙岩体渗流和传质工程研究中,过去利用 DFN 模型能够较好地模拟分析"近场"和小尺度问题,但在该类问题中,岩体内的裂隙对渗流及传质影响大,如采用等效连续介质误差过大,使得模拟结果失真。随着尺度变大或在"远场"条件下,岩体内的裂隙对渗流和传质的影响相对减弱,此时为平均效果,这种条件下 DFN 模型的优势减弱,而等效连续介质模型可取得良好的模拟效果。然而,何种尺度称为小尺度,何种尺度称为大尺度,尚无定论。许多学者对裂隙岩体渗流分析模型的选取进行研究,提出各自的判别准则,如文献[92]认为:在所研究的工程岩体范围内,岩体中裂隙数量达到 1 000 条以上时,可以采用等效连续介质模型。文献[93]把裂隙岩体分别当作连续介质和不连续介质进行计算比较后指出:最大裂隙间距与建筑物最小边界尺寸之比大于 1/50 时,应按不连续介质考虑。文献[94]指出:应将上述的最大裂隙间距改为平均裂隙间距,其相应的比值大于 1/20 时,应按不连续介质考虑。文献[84]认为:对于石油开采工程、道路工程、核废料处置工程以及水资源存储工程,裂隙岩体不能采用连续渗透介质模型。总体来看,DFN 模型的适用条件尚无确切结论,在工程中一般仍根据经验确定,应用该模型模拟时岩体的主要特征是:① 裂隙分布不均;② 裂隙对流体流动及传质影响大;③ 研究区域不是特别大。

目前,国内外已开发了若干 DFN 模型生成程序,国外提出了随机裂隙网络模拟方法[75-99],国内,陈剑平[100]、宋晓晨[101]、朱焕春等[102]也开展了 DFN 模型研究。

由于 DFN 模型技术的关键是裂隙系统几何结构信息的概率模型和统计参数,因此对由传统的测线法和统计窗法获得的裂隙密度、迹长的偏差的统计处理与分析极为关键。已有地质调查研究表明:直接使用地质剖面可见裂隙的几何结构信息进行统计分析,建立相应概率模型会导致裂隙的密度被高估,裂隙的迹长被低估。为此,在引入裂隙强度和圆形统计窗概念基础上,最近国内外学者在这方面提出了一些改进方法[103-104]。

一些学者基于 DFN 模型推导出了若干简单情况下的解析解[105-106],但通常情况下基于 DFN 模型的计算异常复杂,一般采用有限元、边界元等数值方法[95-99,107]。在数值分析过程中为了降低计算难度和减少计算量,通常不考虑裂隙的应力应变行为,也不考虑基质岩块的应力/变形行为对裂隙的变形和渗透性能的影响。这种简化带来了计算上的方便,但是在"近场"问题和核废料处置安全评估等工程分析中,其精度难以保证。

基于 DFN 模型的多相流流动及传输过程数值模拟,对于油、气、地热等资源开发及核废料处置等工程都极为重要。传统的双渗透率模型将岩体裂隙网络和基质岩块看作两个叠加在一起的介质系统,在基质系统内热传导或扩散占主导地位,而流动主要在裂隙系统内发生[108-111]。目前 DFN 模型已应用到诸多研究领域[112-133],并取得了丰硕的研究成果,然而如何考虑基质和裂隙系统之间的相互作用仍需要进一步研究与探讨。

煤通常情况下由非均质块体和随机裂隙组成。随机裂隙对煤体内的瓦斯流动影响巨大,而非均质煤块体是吸附瓦斯赋存场所。抽采瓦斯时,游离瓦斯沿着煤体内的裂隙渗流至生产井,瓦斯压力降低,煤体的有效应力改变,裂隙的渗透性发生变化,同时非均质煤块体内的吸附瓦斯解吸,煤块体的有效应力和力学性质改变,煤块体可能变形、破裂,并导致其渗流特性发生突变,进而影响瓦斯的流动。因此,煤层内的瓦斯流动过程是以瓦斯为联系纽带的非均质煤块和随机裂隙相互影响、相互作用的过程。为此,若想获得较好的模拟效果,合理模拟煤的非均质力学特性和随机裂隙展布特征极为重要。

1.4 煤层瓦斯运移过程的数值模拟

　　煤岩是一种典型的多孔介质。如地下岩层中石油、天然气资源的开采,地下煤炭和瓦斯的开采,地下水资源的开采以及污染物传质输运等,都涉及多孔介质中能量与物质的传输过程,渗流力学是研究流体在多孔介质内运动规律的学科。自 1856 年法国工程师达西(Darcy)提出线性渗流定律以来,渗流力学一直在发展,并不断与其他学科交叉形成许多新兴的边缘学科。如瓦斯渗流力学是由渗流力学、固体力学、采矿学科以及煤地质学等学科互相渗透、交叉而发展形成的一门新兴学科。瓦斯渗流力学是专门研究瓦斯在煤层这种多孔介质内运移规律的学科,有时也称为瓦斯流动理论。煤层瓦斯抽采及数值模拟的理论基础是瓦斯在煤层中赋存和运移的理论[134]。对于瓦斯在煤层中的赋存和流动规律的研究,主要涉及渗流理论、扩散理论、渗流扩散理论和单相流单孔隙度平衡吸附耦合模型等[135-136]。以这些理论为基础,国内学者建立了若干计算模型,主要包括:1965 年周世宁以瓦斯井下钻孔抽采的扩散渗流理论为基础提出了渗流模型,该模型将瓦斯在煤层中的运移视为单纯渗流,服从线性达西定律。1986 年王佑安等[137]提出瓦斯在煤层中的运移过程可视为单纯扩散,服从线性菲克定律,并将其用于研究煤屑瓦斯涌出规律,取得了较好效果。1990 年周世宁通过对扩散渗流模型的一维扩散方程与渗流方程联立求解所得的近似解和单纯一维渗流方程的求解结果进行比较,认为以线性达西定律为基础的煤层瓦斯运移机理是可行的。同时认为裂隙系统对煤层瓦斯流动起控制作用,扩散可忽略不计。渗流模型已成为目前国内用于指导煤层气开采的主要理论。

　　随着对煤层瓦斯赋存运移机理研究的不断深入,又提出了非平衡吸附的动力学模型,该模型认为煤层瓦斯主要吸附在基质内表面,在割理裂隙中服从达西渗流定律,较好地反映了瓦斯在煤层中的赋存运移规律,目前以 Comet 模型和 Coalgas 模型为代表。非平衡吸附模型,按如何考虑扩散过程进一步划分为拟稳态的非平衡吸附模型和非稳态的非平衡吸附模型。拟稳态的非平衡吸附模型使用菲克第一定律来描述气体在微孔系统中的扩散运移,扩散系数取决于基质块的几何形态和时间,而不取决于气体浓度。相反,在非稳态的非平衡吸附模型中,使用菲克第二定律,气体浓度是变量,考虑气体浓度梯度的影响。许多拟稳态的非平衡吸附模型是以 Warren-Root 双孔隙储层模型为基础的。非稳态模型的求解很复杂,计算量大,因此,历史拟合和煤层气产量预测广泛使用算法效率较高的拟稳态非平衡吸附模型。

　　近年来,以上述研究为基础,考虑气、水渗流及其与煤骨架的耦合作用,又提出了一些新的模型,主要有:赵阳升等[138-139]考虑了瓦斯和煤骨架之间的耦合作用,建立了固-气耦合数学模型,并开发了相应的计算程序。煤内裂隙是瓦斯流动的主要通道,因此又考虑了裂隙对煤层瓦斯流动的影响,建立了考虑裂隙变形、瓦斯流动和煤体骨架耦合作用的块裂介质模型[6,140]。煤不仅内部有裂隙分布,而且煤基质块体也是非均质的。杨天鸿等[53]利用 Weibull 分布考虑煤的非均质性,建立了考虑煤的非均质力学特性影响的瓦斯抽采渗流-应力-损伤耦合模型,并将其应用于煤层瓦斯卸压抽采中。瓦斯渗流试验结果表明[141-143]:瓦斯在煤层中的渗流与水在含水层中的渗流有很大不同,主要包括:瓦斯渗流时具有明显的克林肯贝格效应,不服从线性达西定律;瓦斯吸附和解吸会引起煤的体积应变,进而影响其渗流。W. C. Zhu 等[2]考虑了克林肯贝格效应的影响,建立了新的固-气耦合模型,并进行了数值计算。H. B. Zhang 等[3]建立了考虑瓦斯解吸-吸附影响的有限元计算模型,数值计算结果表明该模型合理。孙可明[144]考虑了瓦斯渗流的非达西流,建立了考虑气、水渗流和煤岩变形耦合的计算模型,并将其应用于瓦斯抽采工程数值模拟分析和 CO_2 注入增产研究中,效果较好。

1.5 本书主要研究内容

从已有研究成果来看,国内外对煤层瓦斯抽采计算模型的研究极为关注,并取得了大量研究成果。然而,煤是一种长期地质历史作用的产物,煤层内部不但含有大量的微、细观结构和损伤(如位错、晶界、微裂纹、微孔洞等),而且其内部分布着大量的尺度不一的随机裂隙,因此是非均质性与非连续性的统一体,在分析煤层瓦斯抽采过程时,需要考虑煤的非均质性和非连续性。

细观损伤力学可以模拟岩石的非均质力学特性,描述岩块的破坏过程,将这种方法引入煤层瓦斯抽采数值模拟中,可以考虑煤的非均质力学特性,这已被赵阳升等[6]的研究所证实。赵阳升等[53,140]建立的块裂介质模型可以考虑煤的裂隙对瓦斯抽采的影响,但是仅研究了单裂隙对瓦斯抽采的影响。为此,本书拟在已有研究成果基础上,在进行室内试验和地质调查基础上,建立非均质、随机裂隙展布的煤的表征模型和渗流-应力耦合模型,并将其应用于煤层瓦斯抽采数值模拟中,具体研究内容如下:

① 对煤岩主要力学特性进行研究,在此基础上研究围压对峰后煤扩容行为的影响,引入扩容指数进行描述,建立扩容指数与剪胀角之间的关系式,结合弹塑性理论建立了考虑围压影响的非均质煤软化扩容模型,并采用 FLAC 软件予以实现;

② 通过试验研究瓦斯在煤体内的渗流特征,建立煤的变形和瓦斯流动的耦

合模型；

③ 通过试验研究煤块力学参数的统计分布规律,利用 Weibull 分布模拟煤的非均质力学特性,建立考虑煤的非均质力学特性的概率模型,进而建立非均质煤体渗流-应力耦合模型；

④ 研究煤体内随机裂隙的模拟方法,建立煤体内随机分布裂隙的概率表征模型,进而建立随机分布裂隙的煤的渗流-应力耦合模型；

⑤ 综合上述研究,建立非均质、随机分布裂隙的煤的表征模型,给出了非均质、随机分布裂隙的虚拟煤体生成步骤,编制了相应的虚拟煤体生成程序；

⑥ 通过试验研究了煤的力学参数之间的相互关系,建立了考虑力学参数关联的非均质煤随机概率模型。

2 煤岩体力学特性

煤岩体变形局部化是失稳和破坏的先导,也是岩石力学界研究的焦点和难点。特别是局部化剪切带状的失稳破坏现象,更常见于韧性晶体、金属、黏土、沙子等结构或材料的非弹性变形阶段,在煤岩材料和结构中尤其常见。煤岩材料局部化剪切带失稳破坏的特征是:材料在受力变形过程中,在经历一定量的均匀变形后,突然进入产生高度局部化的剪切带变形阶段。一旦这种变形局部化产生,剪切带内的应变将变得很大,此时总体变形的微小增量就可能导致材料的剪切破坏。

近年来,随着高倍显微镜、扫描电镜及 CT 技术的推广应用,煤的微细观研究在工程应用中取得了很大进展。大量微细观研究表明:煤是由形状、大小不同的块状颗粒叠压而成,存在许多微空洞、微裂隙、层理、节理等软弱结构面以及颗粒胶结物,是含有原始损伤的微观非均质体。同其他岩石相比,其微结构和微组分更复杂多样,其力学性质更复杂。由于古气候及沉积环境的差异,不同煤系地层的煤岩在微细观结构上存在很大差异。为比较不同煤样微细观结构的异同,分别从陕西焦坪矿区崔家沟矿(高瓦斯煤气油共生非突出矿井)和韩城矿区下峪口矿(高瓦斯突出矿井)开采工作面采集煤样,利用 JSM-5800 型扫描电子显微镜进行扫描。其步骤为:先从大煤块上轻轻敲取小块试样,将其黏结到电镜样品台,进行真空干燥后喷镀金膜,然后沿着层理和垂直层理两个方向分别进行电镜观测。放大倍数为 1 000 倍和 2 000 倍时的典型电镜扫描图片如图 2-1 所示。

煤样的电镜显微观察表明:富含瓦斯煤的微结构是含有大量孔隙的煤微粒和裂隙系统所组成的孔隙-裂隙双重介质结构。煤的表面断裂形式极为丰富,表现为大小不一,形状不同的不规则块体,这些微观断裂形式保持了原始煤层中的裂隙特征,有些是原生的,有些是在地质构造过程中产生的。在强烈的破坏作用下,煤层中的节理已经失去意义,其结构不均一,以粒状、网状和片状结构为主,也可见到鳞片状和压扭结构。这些特点反映了构造应力对煤层破坏的踪迹。突出煤的孔隙面积较大,这是瓦斯富集的重要场所。

自从开展岩石力学性质试验以来,对各种坚硬、致密且相对均质的岩石力学

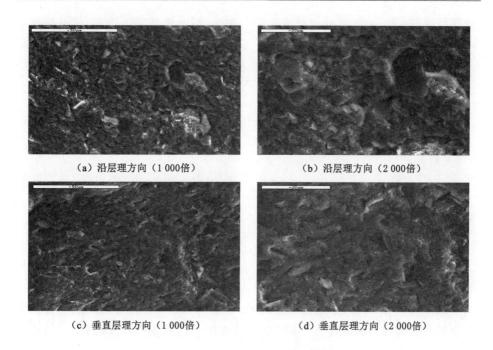

（a）沿层理方向（1 000倍） （b）沿层理方向（2 000倍）

（c）垂直层理方向（1 000倍） （d）垂直层理方向（2 000倍）

图 2-1　下峪口矿 3# 煤电镜扫描图

性质的研究成果较丰富。由于煤的组分和结构与这些坚硬岩石不同，其层理节理、孔隙、裂隙等缺陷复杂多变，其强度更低，离散性更大，标准试样的制取比较困难，因此有关煤样力学性质的试验研究相对较少。然而富含瓦斯煤的力学性质是高瓦斯煤矿地下开采中必须面对的基本问题。为了准确描述所研究煤的力学性质，首先要在实验室进行一系列的力学试验。其中单轴压缩试验是最基本、最重要的，也是应用最多的试验。它可以为建立煤的各种本构模型提供最基本的信息，例如煤的强度特征、变形特征以及基本的力学参数等。煤作为一种非均质材料，其单轴压缩试验中所表现出的力学现象异常复杂，有关的研究仍在继续。文献［145］对下峪口矿煤样进行单轴压缩试验，得到的全应力-应变关系曲线和体积应变变化曲线如图 2-2 和图 2-3 所示。以上煤样的应力-应变关系曲线形状和数值差异充分说明了其材料非均质性。有的曲线峰前不具有压密段，曲线斜率较陡，说明其较坚硬，煤样内部骨架较完整，变形以弹性变形为主；有的曲线峰前有较大波动，出现多次应力下降，说明此煤样非均质，其原有骨架存在一定的缺陷，在未达到煤样的极限承载能力之前，这些缺陷加剧而破裂；有的曲线峰后突然下降后又上升，这是由于峰后宏观破裂的发生和弹性变形能的释放，使其失去平衡，致使应力突然下降。由于采用位移控制方式加载，"突跳"过程中的能量释放相对较小,不能使煤样骨架完全破坏,因此随着变形增加,煤样恢复了一定的承载能力。

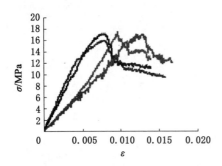

图 2-2　下峪口矿煤样单轴压缩
全应力-应变关系曲线

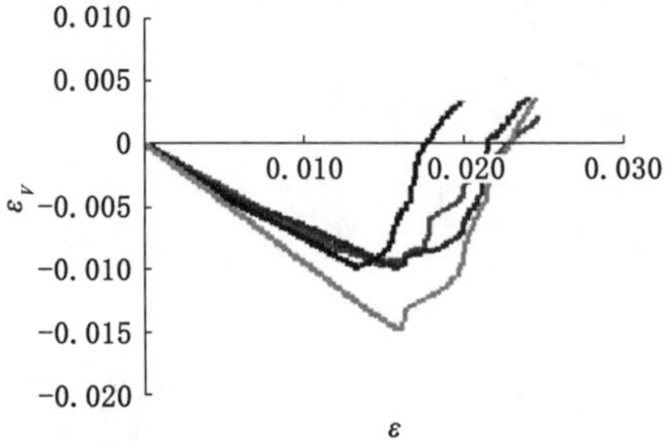

图 2-3　下峪口矿煤样单轴压缩
全体积应变-竖向应变关系曲线

　　在外力作用下,由于非均质性使得煤岩内应力分布不均匀,局部应力增大,当局部应力达到其极限承载能力强度时,发生局部破坏。通常破坏后的煤随着应变增大而表现为承载能力下降(即应变软化[146])和体积膨胀(剪胀),从而又加剧了煤的非均质性,使得煤的非线性特征更显著。为了能更好地模拟煤的非均质对其力学行为的影响,必须要较好地模拟煤岩的峰后力学行为(包括应变软化和剪胀)。本章利用已有研究成果对模拟围压对煤岩的峰后应变软化和剪胀的影响进行初步探讨。

　　近年来国内外学者对岩石的峰后应变软化和剪胀进行了大量研究。

　　在应变软化方面,从总体的研究思路来看,这些研究大致可以分为两类:一类是从煤岩裂隙扩展贯通的微观角度,采用现场测试和室内试验相结合的方法,研究煤岩在峰值强度以后应变软化的本质机制[147-151],该类研究对于探索煤岩内在的变形破坏机制具有极其重要的意义,但是其成果尚未应用到工程实践中;另一类研究是基于煤岩应变软化的宏观效应,根据煤岩应变软化的平均化和分布化假设,利用完备的连续介质力学理论建立多种煤岩塑性应变软化连续力学模型来描述煤岩应变软化力学特性[152-155]。这些研究在很大程度上加深了人们对煤岩塑性应变软化特性的认识,其成果具有十分重要的工程应用价值。然而已有研究鲜有考虑围压对煤岩峰后软化力学特性的影响,通常凭借经验方法指定煤岩峰后软化力学行为[156-157]。文献[146]提出了广义黏聚力和广义内摩擦角的概念,建立了广义黏聚力和广义内摩擦角与等效塑性剪切应变之间的关系,进而利用 FLAC 中的 Strain-Softening 模型较好地模拟分析围压对岩石峰后应变软化过程的影响,但是测定广义黏聚力和广义内摩擦角与等效塑性剪切应变之间关系的试验非常复杂。Z. Fang 等[61]根据岩石力学试验提出了峰后强度退化指数,并进行了系列验证。本书引用峰后强度退化指数描述围压对岩石峰后残余强度和割线模量的影响,结合莫尔-库仑本构模型建立了考虑围压影响的岩石峰后应变软化计算模型,在 FLAC 软件中采用 Fish 函数予以实现计算,最后应用试验数据对模型进行了验证。

在压缩条件下,当煤和岩石的压力超过其峰值强度之后,应变软化是其特性之一,但不是全部。另一个需要关注的是其剪切扩容特性,特别在低围压时,这种现象极为普遍[158-161]。理解峰后剪切扩容对地震和岩爆等煤岩动力现象预报具有指导意义[162-171]。

煤岩的剪切扩容从定性角度来讲,通常认为是微裂纹的张开已经超过了闭合,或者是滑动块体在凹凸面上的抬升所致[162-163]。这种分析可以很好地解释岩石的剪切扩容,然而实际工程更为复杂且需要定量分析。

在岩土力学的连续介质理论中,最广泛用来衡量扩容和控制岩土材料体积变化的参数是剪胀角。然而在岩土工程中剪胀角经常被忽视,即使考虑时通常采用 2 种简化假设[167]:在非关联流动法则中,剪胀角为 0°,此时没有剪胀发生;在关联流动法则中,其值等于内摩擦角,且为恒定值,此时算得的剪胀量最大。

霍克和布朗在工程经验基础上也建议在数值计算时采用固定的剪胀角,具体数值由岩体质量决定:对于质量非常好的岩体,取 0.25 倍摩擦角;对于中等质量的岩体,取 0.125 倍摩擦角;对于较差质量的岩体,取 0。然而试验表明:不仅煤岩的应变软化特征取决于围压,煤岩的剪胀特征还与围压密切相关。在低围压下,煤岩发生脆性破坏且伴随着较大的体积膨胀。随着围压的增大,煤岩逐渐从脆性破坏向剪切破坏过渡,峰值后应力减小并伴随着应变局部化和较小的体积变形。可见,围压是影响岩石剪切扩容的重要因素。文献[169]为了模拟围压对岩石剪胀扩容的影响,提出了岩石扩容指数。本书引入岩石扩容指数,建立岩石扩容指数和剪胀角之间的关系式,结合弹塑性力学理论建立了非均质煤剪胀扩容模型,在 FLAC 软件中采用 Fish 函数予以实现计算。

2.1 考虑围压影响的煤应变软化模型

2.1.1 峰后强度退化指数

图 2-4 是典型的不同围压下软弱泥岩三轴压缩试验的全应力-应变关系曲线。由图 2-4 可以看出:随着围压增大,岩石的峰后残余强度增大。因此,在描述岩石应变软化过程中,应考虑围压对应变软化的影响。为了便于分析,将

图 2-4 所示应力-应变关系曲线转变为图 2-5。

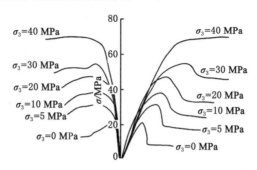

图 2-4　山西含碳泥岩三轴压缩试验全应力-应变关系曲线[2]

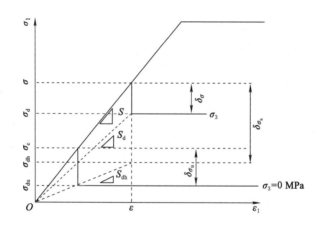

图 2-5　不同围压下简化应力-应变关系曲线

为了描述如图 2-5 所示围压与岩石峰后残余强度的关系，Z. Fang 将峰后强度退化指数定义为：

$$\chi_\sigma = \frac{\sigma - \sigma_d}{\sigma - \sigma_{dh}} = \frac{\delta_\sigma}{\delta_{\sigma_h}} \tag{2-1}$$

式中　σ——围压为 σ_3 时的峰值应力；

σ_d——围压为 σ_3 时的峰后残余强度；

σ_{dh}——按图 2-5 计算得到的峰后残余强度；

δ_σ——围压为 σ_3 时的峰后强度降；

$\delta_{\sigma_{dh}}$——按图 2-5 计算得到的峰后强度降。

根据图 2-5 所示几何关系，有：

$$\frac{\sigma_c}{\delta_{\sigma_u}} = \frac{\sigma}{\delta_{\sigma_h}} \tag{2-2}$$

式中　σ_c——单轴抗压强度；

　　　δ_{σ_u}——单轴压缩时的峰后应力降；

　　　δ_{σ_h}——按图 2-5 计算得到的围压为 σ_3 时的峰后应力降。

将式(2-2)代入式(2-1)，得到：

$$\chi_\sigma = \frac{\delta_\sigma}{\sigma} \cdot \frac{\sigma_c}{\delta_{\sigma_u}} \qquad (2\text{-}3)$$

2.1.2　峰后变形模量退化指数

峰后变形模量退化指数定义为：

$$\chi_s = \frac{S - S_d}{S - S_{dh}} = \frac{\delta S}{\delta S_u} = \frac{\sigma/\varepsilon - \sigma_d/\varepsilon}{\sigma/\varepsilon - \sigma_{dh}/\varepsilon} \qquad (2\text{-}4)$$

式中　S——岩石峰前变形模量；

　　　S_d——围压为 σ_3 时峰后退化后的变形模量；

　　　S_{dh}——单轴压缩时的峰后退化后的变形模量。

对比式(2-4)和式(2-1)可以看出：峰后变形模量退化指数等于强度退化指数。

利用式(2-3)计算图 2-4 中山西含碳泥岩强度退化指数，见表 2-1。将围压与强度退化指数点绘成图，如图 2-6 所示。由图 2-6 和式(2-3)均可见：单轴压缩条件下强度退化指数为 1，随着围压增大，强度退化指数减小，直至为 0。

表 2-1　山西含碳泥岩三轴试验数据

围压/MPa	峰值应力/MPa	残余应力/MPa	强度降/MPa	χ_σ
0	21.1	8.9	12.2	1.00
5	31.4	18.2	13.2	0.73
10	38.1	25.7	12.4	0.56
20	47.1	35.0	12.1	0.44
30	54.6	46.2	8.4	0.27
40	68.2	68.2	0	0

由图 2-6 可知强度退化指数与围压大致呈负指数关系，可采用下式拟合：

$$\chi_\sigma = e^{-\alpha\sigma_3} \qquad (2\text{-}5)$$

式中　α——试验常数。

利用式(2-5)拟合图 2-6 中的数据，拟合参数 $\alpha = 0.053$，拟合结果如图 2-6 所示。拟合值和试验值之间的相关系数为 0.91，可见式(2-4)可以较好地拟合强度退化指数与围压之间的关系，这与 Z. Fang 给出的结论一致。

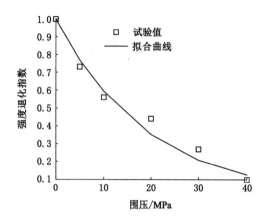

图 2-6　强度退化指数与围压的关系曲线

2.1.3　考虑围压影响的应变软化模型

2.1.3.1　模型描述

为方便观察,从图 2-5 所示多条简化应力-应变关系曲线中取 1 条,并绘于图 2-7 中。由图 2-7 可知:刚开始加载时岩石呈现线弹性变形特征(OA 段),随着荷载增大,逐渐达到峰值应力(A 点),之后再加载时岩石立即发生脆性破坏,岩石强度直接降至残余强度(AB 段),并保持不变(BC 段)。

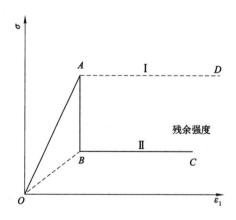

图 2-7　应变软化模型示意图

为了模拟承载岩石单元的上述变形特征,对其变形阶段划分如下:

① 线弹性阶段(OA 段):这时岩石单元应力水平未达到屈服,该阶段用线弹

性的胡克定律来描述。

② 屈服(A点)：此时的应力水平达到屈服,再加载就发生脆性破坏,A点由莫尔-库仑屈服准则来判断,莫尔-库仑屈服准则可写为：

$$\sigma_{1f} = \eta\sigma_3 + 2c\sqrt{\eta} \tag{2-6}$$

式中　c——黏聚力；

　　　$\eta = \dfrac{1+\sin\varphi}{1-\sin\varphi}$；

　　　φ——内摩擦角；

　　　σ_3——小主应力；

　　　σ_{1f}——屈服时的大主应力。

③ 应力降落(AB)：当岩石单元应力水平达到屈服,再加载就立即发生应力降落,并直接降至残余强度。

④ 残余塑性流动阶段(BC)：当岩石单元发生屈服,岩石单元强度和变形模量退化,此时的岩石单元的应力-应变关系曲线与理想莫尔-库仑本构模型材料的应力-应变关系曲线(OBC)相似。

由以上分析可知：岩石单元的应力-应变关系曲线($OABC$)实际上可以利用理想莫尔-库仑材料模型来模拟：岩石单元首先被定义为如OAD所示的理想莫尔-库仑材料,一旦屈服,就变为$OABC$所示理想莫尔-库仑材料。岩石峰后的强度和变形模量退化可以利用 Z. Fang 的强度退化指数描述,然而在数值计算中莫尔-库仑模型使用的计算参数为内摩擦角和黏聚力等,如何确定峰后内摩擦角和黏聚力等参数是建立上述模型的关键。

2.1.3.2　峰后内摩擦角和黏聚力

根据上述分析可知：强度退化指数可以反映不同围压下岩石峰后强度的退化。通过三轴试验确定了式(2-5)中的参数 α 后,可以得到不同围压下的强度退化指数：

$$\chi_\sigma = e^{-\alpha\sigma_3} \tag{2-7}$$

在围压 σ_3 作用下,由图 2-8 所示几何关系可以得到：

$$\sigma_{cd} = \sigma_c - \delta\sigma_c = \sigma_c - \chi_\sigma\delta\sigma_{cu} \tag{2-8}$$

式中　σ_{cd}——等效退化强度,为围压 σ_3 作用下退化强度在单轴($\sigma_3=0$)退化强度曲线上的投影。

由图 2-5 所示几何关系,可以得到：

$$\delta\sigma = \frac{\sigma}{\sigma_c}\delta\sigma_c = \frac{\sigma}{\sigma_c}\chi_\sigma\delta\sigma_{cu} \tag{2-9}$$

由式(2-9)可知：如果知道岩石单轴抗压强度 σ_c、围压 σ_3 作用下的单轴抗压

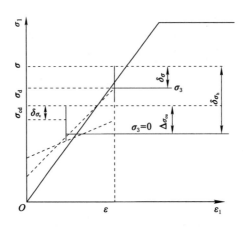

图 2-8　强度退化指数与围压关系曲线

强度 σ、单轴岩石强度的退化 $\delta_{\sigma_{cu}}$ 和岩石强度退化指数 χ_σ，就可以确定一定围压 σ_3 作用下的强度退化值。

在 σ_3 围压作用下，根据莫尔-库仑屈服准则，屈服时的大主应力可由式(2-6)计算。而岩石单元应力一旦满足屈服条件，再继续加载，岩石的强度将退化至残余强度，如图 2-7 所示。

退化后的岩石单元假设也服从莫尔-库仑屈服准则，则退化后的大主应力可写为：

$$\sigma_{1fr} = \eta_r\sigma_3 + 2c_r\sqrt{\eta_r} \tag{2-10}$$

式中　c_r——残余黏聚力；

$$\eta_r = \frac{1+\sin\varphi_r}{1-\sin\varphi_r};$$

φ_r——残余内摩擦角。

由于岩石的残余强度与围压有关，因此 c_r 和 φ_r 一定与围压有关，通过试验确定十分困难，下面给出一种近似计算方法。

由式(2-8)和式(2-6)可以得到残余强度的大主应力为：

$$\sigma_{1fr} = \sigma_{1f} - \frac{\sigma_{1f}}{\sigma_c}\chi_\sigma\delta\sigma_{cu} \tag{2-11}$$

已有试验研究表明[2]：破坏前、后岩石的内摩擦角变化较小，因此可以假设岩石强度的退化完全由黏聚力的降低引起，于是可以假设如下关系式成立：

$$\begin{cases} \eta_r = \eta \\ c_r = \zeta c \end{cases} \tag{2-12}$$

式中　ζ——岩石单元黏聚力的退化系数，$\zeta<1$。

由式(2-10)至式(2-12)可以得到：

$$\sigma_{1f} - \frac{\sigma_{1f}}{\sigma_c} \chi_\sigma \delta \sigma_{cu} = \eta \sigma_3 + 2\zeta c \sqrt{\eta} \qquad (2\text{-}13)$$

求解式(2-13)得到：

$$\zeta = \frac{\sigma_{1f} - \dfrac{\sigma_{1f}}{\sigma_c} \chi_\sigma \delta \sigma_{cu} - \eta \sigma_3}{2c \sqrt{\eta}} \qquad (2\text{-}14)$$

结合式(2-12)可以得到峰后的岩石内摩擦角和黏聚力分别为：

$$c_r = \zeta c \qquad (2\text{-}15)$$

$$\varphi_r = \varphi \qquad (2\text{-}16)$$

由式(2-15)和式(2-16)可以确定复杂应力条件下岩石单元峰后残余黏聚力和内摩擦角。

2.1.3.3　数值实现

基于上述分析,在 FLAC 软件中使用 Fish 函数实现了考虑围压影响的煤岩峰后应变软化模型求解,具体计算过程为：

① 建立计算分析模型,进行网格划分。

② 将材料定义为莫尔-库仑本构模型材料,输入材料参数,包括弹性模量、泊松比、内摩擦角、黏聚力、抗拉强度、试验参数 α、单轴压缩下强度的退化值 $\delta_{\sigma_{cu}}$ 等。

③ 施加初始应力条件及边界条件,进行单元应力和应变计算。

④ 每 10 荷载步利用式(2-6)判断岩石单元的状态,对于发生屈服的单元,按软化进行计算。根据应力水平,计算强度退化指数、退化后的等效单轴强度 σ_{cd}、残余内摩擦角、残余黏聚力和退化后的弹性模量,然后修改该单元的弹性模量、内摩擦角和黏聚力等参数。

⑤ 继续施加荷载步,直至计算结束。

2.1.4　模型验证

对田纳西州大理岩开展了三轴试验研究,试验结果如图 2-9 所示。对田纳西州大理岩试验数据进行整理,所得结果见表 2-2。Z. Fang 利用式(2-5)拟合表 2-2 中的试验数据,可以得到拟合参数 $\alpha=0.076\ 8$,拟合结果如图 2-10 所示,试验数据与拟合数据的相关系数为 0.84。由田纳西州大理岩试验数据得到的本书应变软化模型的计算参数见表 2-3。数值模型采用仅含有 1 个单元的立方体模型来模拟岩石试件,如图 2-11 所示模拟围压,且有 $\sigma_x = \sigma_y$。整个加载过程采用轴向位移控制方式,即通过在模型的上表面施加恒定的 z 轴方向变形速度来实现,施加速度为 2.0×10^{-8} m/step。根据以上建立的数值模型进行模拟分析,围压分别为 0 MPa、

3.45 MPa、6.9 MPa、13.8 MPa、20.7 MPa、27.6 MPa、34.5 MPa 和 48.3 MPa。模型的下表面设为 z 轴方向的位移约束边界,前后左右表面分别设为沿 y 轴方向和 x 轴方向的应力边界,模拟得到的全应力-应变关系曲线与实测应力-应变关系曲线的对比,如图 2-9 所示。

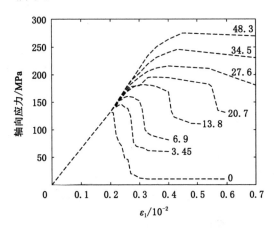

图 2-9　田纳西州大理岩三轴试验数据

表 2-2　田纳西州大理岩三轴试验数据

围压/MPa	峰值应力/MPa	残余应力/MPa	强度降低值/MPa	χ_σ
0	130	10	120	1.00
3.45	145	60	85	0.635
6.9	160	80	80	0.542
13.8	180	110	70	0.421
20.7	195	130	65	0.361
27.6	215	180	35	0.176
34.5	245	230	15	0.066
48.3	275	270	5	0.020

由图 2-10 可以看出:在岩石全应力-应变关系曲线峰值前,模拟曲线与试验曲线峰值应力点的割线相吻合,这符合前面将峰前岩石应力-应变关系曲线简化为弹性的假设;当岩石达到峰值强度之后,不同围压下的模拟曲线变化趋势与试验曲线基本一致,特别是对岩石峰后残余强度的模拟较为精确,模拟曲线与试验曲线吻合较好,这证明了本书建立的峰后应变软化模型可以描述围压对岩石峰后力学特性的影响。

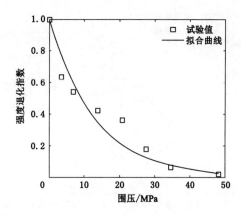

图 2-10　大理岩强度退化指数与围压的关系曲线

表 2-3　计算的参数

参数	值
密度/(kg/m³)	2 100
弹性模量/GPa	65
泊松比	0.2
单轴抗压强度/MPa	130
单轴峰后残余抗压强度/MPa	10
单轴抗拉强度/MPa	14.3
强度退化指数拟合参数	0.076 8
内摩擦角/(°)	29.8
黏聚力/MPa	39.2
围压/MPa	0,3.45,6.9,13.8,20.7,27.6,34.5,48.3

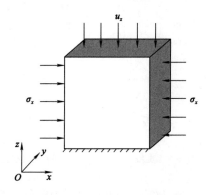

图 2-11　三轴压缩试验的数值模型

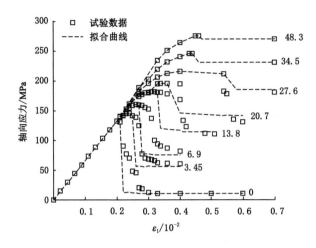

图 2-12　三轴压缩试验曲线与数值模拟曲线对比

2.2　考虑围压影响的非均质煤岩剪胀扩容模型

2.2.1　扩容指数

　　图 2-13 为 Bursnip's Road 砂岩在不同围压下的轴向应变-体积应变和轴向应变-体积应变简化关系曲线。由图 2-13 可以看出:在峰值应力前,岩石发生线性体缩,当岩石应力达到峰值后,岩石发生扩容;围压对峰后岩石扩容影响巨大,随着围压增大,体缩段增大,岩石峰后扩容速率降低。

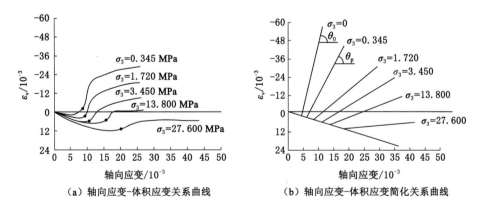

（a）轴向应变-体积应变关系曲线　　　（b）轴向应变-体积应变简化关系曲线

图 2-13　Bursnip's Road 砂岩在不同围压下的轴向应变-体积应变关系曲线

为了考虑围压对岩石峰后剪胀的影响,文献[190]提出了岩石扩容指数[图 2-13(b)]:

$$I_\mathrm{d} = \frac{\theta_\mathrm{p}}{\theta_0} = \frac{\arctan\left(\Delta\varepsilon_\mathrm{vp}/\Delta\varepsilon_\mathrm{1p}\right)_\mathrm{p}}{\arctan\left(\Delta\varepsilon_\mathrm{vp}/\Delta\varepsilon_\mathrm{1p}\right)_0} \tag{2-17}$$

式中　$\Delta\varepsilon_\mathrm{vp}$,$\Delta\varepsilon_\mathrm{1p}$——体积塑性应变增量和轴向塑性应变增量;

　　　I_d——岩石扩容指数,单轴条件时 $I_\mathrm{d}=1$,围压较高且没有扩容时$I_\mathrm{d}=0$。

文献[172]通过对 Vosges 砂岩、Gebdykes 石灰岩等试验数据拟合,提出扩容指数和围压符合如下负指数关系式:

$$I_\mathrm{d} = \exp(-m_\mathrm{d}\sigma_3) \tag{2-18}$$

式中　m_d——拟合参数;

　　　σ_3——围压。

2.2.2　岩石扩容指数与剪胀角的关系

岩石扩容指数概念简单明了,然而在岩石力学模型中通常采用剪胀角和非相关联的流动法则描述岩石的扩容行为,通用的塑性势函数[7]可写为:

$$g(\sigma_{ij},\eta) = \sigma_1 - K_\psi(\sigma_{ij},\eta)\sigma_3 \tag{2-19}$$

式中　σ_{ij}——应力张量;

　　　η——内变量,通常取等效塑性应变;

　　　$K_\psi(\sigma_{ij},\eta) = \dfrac{1+\sin\,\psi(\sigma_{ij},\eta)}{1-\sin\,\psi(\sigma_{ij},\eta)}$;

　　　ψ——剪胀角,(°)。

对于岩石和混凝土等材料,剪胀角通常由下式确定:

$$\psi_\mathrm{p} = \arcsin\frac{\Delta\varepsilon_\mathrm{vp}}{-2\Delta\varepsilon_\mathrm{1p} + \Delta\varepsilon_\mathrm{vp}} \tag{2-20}$$

式中　$\Delta\varepsilon_\mathrm{vp}$——塑性体积应变增量;

　　　$\Delta\varepsilon_\mathrm{1p}$——轴向塑性应变增量。

由式(2-17)和式(2-20)可以得到:

$$\theta_\mathrm{p} = \arctan\frac{\Delta\varepsilon_\mathrm{vp}}{\Delta\varepsilon_\mathrm{1p}} = \arctan\frac{2\sin\,\psi_\mathrm{p}}{1-\sin\,\psi_\mathrm{p}} \tag{2-21}$$

由式(2-17)和式(2-18),岩石扩容指数可写为:

$$I_\mathrm{d} = \frac{\theta_\mathrm{p}}{\theta_0} = \exp(-m_\mathrm{d}\sigma_3) \tag{2-22}$$

于是有:

$$\theta_\mathrm{p} = \theta_0\exp(-m_\mathrm{d}\sigma_3) \tag{2-23}$$

即

$$\arctan \frac{2\sin \psi_p}{1 - \sin \psi_p} = \arctan \frac{2\sin \psi_0}{1 - \sin \psi_0} e^{-m_d \sigma_3} \qquad (2\text{-}24)$$

式中 ψ_0——围压为 0 时的剪胀角，$(°)$。

由式(2-24)解得：

$$\psi_p = \arcsin \frac{G}{2 + G} \qquad (2\text{-}25)$$

式中，$G = \tan\left[\exp(-m_d \sigma_3)\arctan\frac{2\sin \psi_0}{1 - \sin \psi_0}\right]$。

由式(2-25)可知剪胀角是围压的函数。

2.2.3 模型描述

假设岩石是理想弹塑性材料，其应变增量为：

$$d\boldsymbol{\varepsilon}_{ij} = d\boldsymbol{\varepsilon}_{ij}^e + d\boldsymbol{\varepsilon}_{ij}^p \qquad (2\text{-}26)$$

式中 $d\boldsymbol{\varepsilon}_{ij}$，$d\boldsymbol{\varepsilon}_{ij}^e$，$d\boldsymbol{\varepsilon}_{ij}^p$——总应变增量张量、弹性应变增量张量和塑性应变增量张量。

应力增量可表示为：

$$d\boldsymbol{\varepsilon}_{ij} = \boldsymbol{S}_{ijkm}(d\boldsymbol{\varepsilon}_{km} - d\boldsymbol{\varepsilon}_{km}^p) \qquad (2\text{-}27)$$

式中 $\boldsymbol{S}_{ijkm}$——材料的刚度矩阵。

塑性应变可写为：

$$d\boldsymbol{\varepsilon}_{ij}^p = \lambda \frac{\partial \boldsymbol{g}}{\partial \boldsymbol{\sigma}_{ij}} \qquad (2\text{-}28)$$

式中 λ——塑性因子；

g——塑性势函数。

根据塑性理论，应力增量可以表示为：

$$d\boldsymbol{\sigma}_{ij} = \left(\boldsymbol{S}_{ijkm} - \frac{1}{\alpha}\boldsymbol{A}_{ij}\boldsymbol{B}_{km}^T\right)d\boldsymbol{\varepsilon}_{km} \qquad (2\text{-}29)$$

式中，

$$\alpha = \frac{\partial \boldsymbol{g}^T}{\partial \boldsymbol{\sigma}_{ij}}\boldsymbol{A}_{ij} \qquad (2\text{-}30a)$$

$$\boldsymbol{A}_{ij} = \boldsymbol{S}_{ijkm}\frac{\partial \boldsymbol{g}}{\partial \boldsymbol{\sigma}_{km}} \qquad (2\text{-}30b)$$

$$\boldsymbol{B}_{ij}^T = \frac{\partial \boldsymbol{g}^T}{\partial \boldsymbol{\sigma}_{km}}\boldsymbol{S}_{kmij} \qquad (2\text{-}30c)$$

式(2-19)、式(2-25)和式(2-26)至式(2-30)构成了考虑围压对岩石剪胀扩容影响的理想弹塑性模型，其中围压对剪胀的影响由式(2-19)和式(2-25)描述。

2.2.4　参数的确定

由式(2-25)可知:要计算一定围压下的剪胀角,首先要确定 m_d 和 ψ_0。很明显,ψ_0 可以通过单轴压缩试验确定。另一个参数 m_d 可通过压缩三轴试验确定,下面举例说明。

图 2-14 为石灰岩[173]的三轴试验体积应变与轴向应变关系曲线,根据试验数据得到扩容指数,见表 2-4。

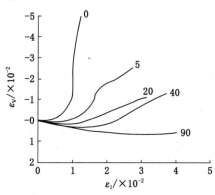

图 2-14　Gebdykes 石灰岩三轴试验体积应变与轴向应变关系曲线

表 2-4　Gebdykes 石灰岩扩容指数

围压/MPa	塑性体积应变增量 $\Delta\varepsilon_{vp}$	塑性轴向应变增量 $\Delta\varepsilon_{1p}$	$\Delta\varepsilon_{vp}/\Delta\varepsilon_{1p}$	$\theta_p/(°)$	I_d
0	1.275 0	0.061 0	20.90	87.3	1.00
5	0.386 5	0.047 5	8.14	83.0	0.95
20	0.577 0	0.467 0	1.24	51.1	0.59
40	1.282 5	0.719 5	1.78	60.7	0.70
90	0.057 5	0.934 5	0.06	3.4	0.04

利用式(2-22)和非线性最小二乘法拟合表 2-4 中的扩容指数(I_d)和围压数据,就可以得到拟合系数 m_d,对于 Gebdykes 石灰岩,$m_d = 0.018$。

2.2.5　煤非均质描述

如前所述,煤岩的力学参数非均质通过 Weibull 分布模拟,其密度函数为:

$$f(x) = m\beta^{-m}\exp\left[-\left(\frac{x}{\beta}\right)^m\right] \tag{2-31}$$

式中　x——单元力学参数,如弹性模量、内摩擦角、黏聚力等;

β——一般为均值；

m——统计参数，由试验数据通过统计分析确定。

根据以往经验，一般单轴压缩试验的剪胀角不大于内摩擦角，而本书中内摩擦角是一个服从 Weibull 分布的随机变量，对于单元体而言将单轴试验时的剪胀角视为固定值并不妥当，因为有时剪胀角会超过内摩擦角。此处按如下步骤进行处理。

(1) 定义一个系数：

$$\lambda = \frac{\overline{\psi_0}}{\overline{\varphi}} \qquad (2\text{-}32)$$

式中　$\overline{\psi_0}$——单轴条件下的剪胀角平均值；

　　　$\overline{\varphi}$——内摩擦角平均值。

(2) 任一单元体 i 的单轴试验时的剪胀角由下式确定：

$$\psi_{0i} = \lambda \varphi_i \qquad (2\text{-}33)$$

2.2.6　模型的数值实现

在 FLAC 软件中采用 Fish 函数方法实现了本书建立的考虑围压影响的应变软化模型。其关键技术为：首先，基于式(2-25)编制了考虑围压影响的剪胀角函数。在计算中使用 FLAC 软件内嵌的莫尔-库仑本构模型，每计算 10 步根据相应的围压更新剪胀角。其次，岩石力学性质非均质通过单元力学参数单独赋值来实现。对于某力学参数(如弹性模量)，根据岩石力学参数试验数据，拟合 Weibull 分布统计参数，然后利用 Weibull 函数为每一个单元生成相应的力学参数，这个过程在 MATLAB 下编制程序实现，将生成的力学参数按单元逐一存入文件"计算参数. data"中，之后在 FLAC 中编制 Fish 函数，读取数据，计算每一个单元体单轴试验时的剪胀角，为每一个单元体赋值。

2.2.7　数值算例

以阜新王营子矿 323 工作面煤样试验数据[14]为基础，构造一个数值算例。算例采用如下 3 种方案：第 1 种方案剪胀角为 0，第 2 种方案剪胀角按本书方法考虑，第 3 种方案剪胀角等于内摩擦角。算例研究的是平面应变条件下有侧限煤的压缩过程(图 2-15)。模拟煤样尺寸为 $0.4 \text{ m} \times 0.2 \text{ m}$，试样两端面是光滑的，在试样的上端面施加恒定速度 $v_0 = 3.0 \times 10^{-7}$ m/时间步，计算在小应变模式下进行。将试样划分为若干个正方形单元，单元边长为 0.004 m，本构模型采用内嵌的莫尔本构模型。

算例中弹性模量的统计参数 $\beta = 1\,081$ MPa，$m = 5.5$；抗拉强度的统计参数

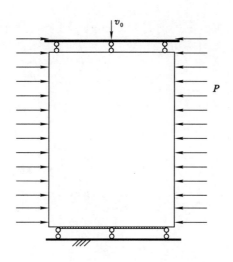

图 2-15　数值算例的边界条件

$\beta=0.52$ MPa，$m=4.7$；内摩擦角的统计参数 $\beta=30°$，$m=6.5$，泊松比为 0.2；黏聚力的统计参数 $\beta=0.92$ MPa，$m=4.6$；$m_d=0.024$；$\lambda=0.91$。

计算时的侧向围压分别为 0.1 MPa、0.8 MPa、1.5 MPa，计算总时间步为 6 000 步。

按照上述方案进行计算，计算结果如图 2-16 至图 2-19 所示。图 2-16 是 3 种方案下的应力-应变关系曲线，可以看出：剪胀角对岩石承载能力的发挥有一定影响。在其他条件一定的情况下，剪胀角增大会使岩石的强度略有提高。这是由于随着剪胀角增大，破坏岩石单元有较大的体积膨胀，由于该单元受到周围单元的约束，造成局部应力集中和应力转移，从而更利于将承载的外力转移到周围其他单元，宏观表现为岩石的强度略有提高。

图 2-17 是本书模型在 0.1 MPa 围压下的破坏过程。由图 2-17 可以看出：当时间步较少时，煤样内部部分单元发生了破坏，这些破坏单元分布较随机。随着时间步的增加，一些缺陷开始沿轴向"长大"，当缺陷"长大"到一定程度时，相邻的平行缺陷（雁列节理）可能存在显著的相互影响和作用，致使部分"长大"的缺陷在倾斜方向上聚结，初步形成了倾斜、断续、狭窄的剪切破裂带（剪切带，见 4 800 步时的图形）。当倾斜的剪切带初步形成之后，煤样沿剪切带方向的错动越来越明显，致使剪切带方向上的其他未发生破坏的单元都发生了剪切破坏。因此，剪切带看起来更连续、平直、宽阔（见 6 000 步时的图形）。

图 2-18 是 0.1 MPa 围压下 6 000 步时不同方案的破坏图形。由图 2-18 可以看出：随着剪胀角的增大，剪切带面积增大，这是由于随着剪胀角增大，岩石破

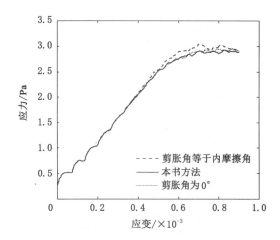

图 2-16　围压为 0.8 MPa 时不同方案的应力-应变关系曲线

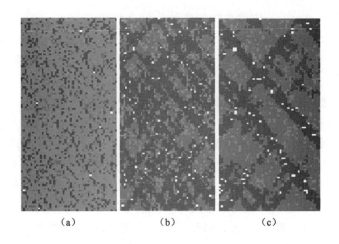

（a）　　　　　　　（b）　　　　　　　（c）

图 2-17　本书模型在 0.1 MPa 围压下的破坏过程

坏单元的体积膨胀变大，从而更大程度实现应力转移，使得周围更多单元的应力也快速增大并进入破坏状态，宏观表现为剪切带面积增大。

　　图 2-19 是本书模型在不同围压下的破坏图。由图 2-19 可以看出：随着围压的增大，剪切带的面积减小，这是因为随着围压增大，岩石的剪胀角减小，与试验结论一致。可见，模型能反映围压对岩石剪胀扩容行为的影响，因此本书模型是合理的。

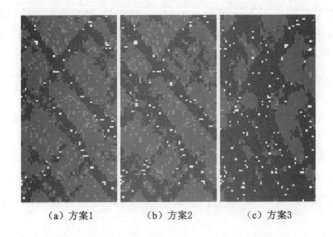

(a) 方案1　　　　(b) 方案2　　　　(c) 方案3

图 2-18　0.1 MPa 围压下 6 000 步时的破坏图

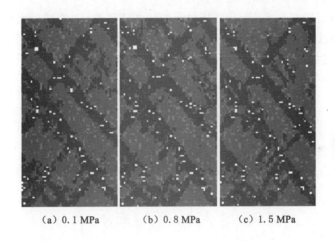

(a) 0.1 MPa　　　(b) 0.8 MPa　　　(c) 1.5 MPa

图 2-19　本书模型在不同围压下 6 000 步时的破坏图

2.3　本章小结

　　首先,采用电镜对煤样进行扫描,煤样的电镜显微观察表明:富含瓦斯煤的微结构是含有大量孔隙的煤微粒和裂隙系统所组成的孔隙-裂隙结构。煤是由形状不同、大小不同的块状颗粒叠压而成,存在许多微空洞、微裂隙、层理、节理等软弱结构面以及颗粒胶结物,是含有原始损伤的微观非均质体。简单描述了煤的一些力学特性。

然后，为了模拟围压对软化行为的影响，利用峰后强度退化指数描述围压对岩石(煤)峰后残余强度和割线模量的影响，与莫尔-库仑模型结合，建立了考虑围压影响的岩石峰后应变软化力学模型。在 FLAC 软件中，利用 Fish 函数开发了相应的数值计算程序，并研究了田纳西州大理岩在不同围压下的应变软化过程。

最后，为了模拟围压对剪胀行为的影响，利用 Weibull 分布考虑非均质煤力学性能，引入扩容指数，结合弹塑性理论建立了考虑围压影响的非均质煤剪胀扩容模型，并在 FLAC 软件中利用 Fish 函数予以实现。主要结论包括：

① 岩石峰后强度退化指数可以反映围压对岩石峰后应变软化行为的影响。

② 数值算例研究表明：本书建立的模型能考虑围压对岩石峰后软化行为的影响。

③ 剪胀角对岩石承载能力的发挥有一定影响。在其他条件一定的情况下，剪胀角增大会使岩石的强度略有提高。

④ 随着剪胀角增大，岩石破坏单元的体积膨胀变大，剪切带面积也增大。

⑤ 本书模型能反映围压对岩石剪胀扩容行为的影响，与试验结果一致。模型能较好地反映煤的非均质对煤层瓦斯抽采的影响。

3 煤体瓦斯运移过程中的固-气耦合模型

3.1 概述

煤层是煤层气的源岩,在煤演化和变质过程中产生大量气体,这些气体的一部分保留在煤层中,称为煤层气或煤层瓦斯。煤层中的孔隙通常是煤层瓦斯赋存的主要空间,煤层的裂隙是煤层瓦斯运移的通道,因此,煤层通常被视为由孔隙和裂隙组成的双重介质,可以利用双重介质模型模拟[145-146],可分别称为煤基质和裂隙。

煤层对瓦斯的容纳能力远超过自身基质孔隙和裂隙体积,所以煤层瓦斯必定以不同于天然气的状态赋存,目前关于煤层瓦斯赋存状态比较一致的观点是:它以吸附态、游离态和溶解态储集在煤储层内,吸附气占煤层瓦斯总量的70%~95%,游离态占总量的10%~20%,溶解气所占比例极小,煤层瓦斯的主要成分是甲烷,并含有少量的CO_2、N_2和重烃类。

煤层瓦斯的吸附以物理吸附为主,由范德瓦尔斯力和静电力引起,不发生电子转移。物理吸附的吸附热很低,吸附速度快,过程可逆。由于煤体具有较大的比表面积和对气体的亲和能力,因此煤是一种优良的天然吸附剂。当煤层瓦斯分子接触煤体表面时,其中一部分被吸附并与煤体表面颗粒结合成为煤体的一部分,同时释放吸附热;当被吸附的瓦斯分子在热运动和振动作用下,增加的动能足以克服煤体表面引力场的引力作用时,才能重新回到游离状态的瓦斯分子群体中去,这一过程称为解吸。1916年,法国化学家朗缪尔从动力学角度出发,在研究固体表面吸附特性时得出了单分子层吸附的状态方程,即朗缪尔方程,进而得到瓦斯含量方程:

$$m = \beta\left(\frac{\varphi}{p_0} + \frac{a_1 a_2 \rho_s}{1 + a_2 p}\right)p^2 \tag{3-1a}$$

式中 m——瓦斯含量,kg/m^3;

p_0——标准大气压;

p——瓦斯压力;

ρ_s——煤层密度；

a_1, a_2——朗缪尔常数；

β——压缩因子，$kg/(m^3 \cdot Pa)$，$\beta = M_g/(RT)$；

M_g——气体摩尔质量；

R——摩尔气体常数；

T——气体绝对温度；

φ——孔隙度。

式(3-1a)参数较多，在实际应用中往往采用经验公式表示煤层中的瓦斯含量：

$$W = A\sqrt{p} \qquad (3\text{-}1b)$$

式中　W——煤体的瓦斯含量，m^3/t；

A——煤层瓦斯含量系数［取值范围一般为 $1\sim4$ $m^2/(t \cdot MPa^{1/2})$］。

煤的渗透率通常很低，一般情况下，煤层渗透率随压力（或深度）的增大而减小，可利用煤中裂隙所承受有效应力的增大来解释。因此，煤的渗透率与有效应力密切相关。克林肯贝格在试验中发现[141]：在低瓦斯压力条件下煤的渗透率先是随着瓦斯压力的增大而逐渐降低，当瓦斯压力达到一定值之后渗透率才随着瓦斯压力的增大而逐渐增大，这就是克林肯贝格效应。煤层瓦斯的克林肯贝格效应是由于在低渗透率条件下，当气体的平均自由程和煤岩孔隙尺寸相当时，会出现滑脱现象，即管壁上的气体分子也处于运动状态，速度不再为0，这样与连续相相比就多出一个附加流量，由此表现出克林肯贝格效应。为了研究应力和克林肯贝格效应对煤层瓦斯流动影响规律，在实验室开展煤层瓦斯渗流试验研究。

3.2　煤层瓦斯渗流试验研究

3.2.1　设备和试验原理

试验在辽宁工程技术大学力学与工程学院实验中心的三轴渗透实验台上进行。

本试验使用的仪器包括：辽宁工程技术大学渗流力学研究所开发的 ZYS-1 型真三轴渗透仪、试压泵、数字压力表、高压调压阀、六分阀、通气管线、高纯度甲烷气体、储能罐、秒表、量筒，如图 3-1 和图 3-2 所示。ZYS-1 型真三轴渗透仪能够自行加载至标的围压和轴压。

试验法作为一种直接获取低渗透煤层渗透率的方法，是通过煤层变形与瓦

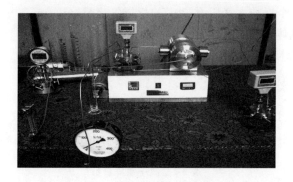

图 3-1　渗透率测量试验装置

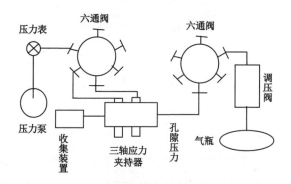

图 3-2　渗透率测量试验装置原理图

斯渗流的固-气耦合试验拟合得出煤体的渗透率与应力、孔隙瓦斯压力的函数关系。试验时首先将标准煤样装入三轴应力夹持器,并用胶布和热缩管密封。随后施加围压和轴压,并保持围压、轴压稳定后打开孔隙压接口施加孔隙压,用收集装置测定气体流量并计算煤样气体渗透率。改变孔隙压测定不同孔隙压力下的气体流量并计算相应的气体渗透率。继续增加轴压和围压,测定不同孔隙压时气体的流量,并按下式计算煤样气体渗透率:

$$k = \frac{2p_0 Q \mu L}{A(p_1^2 - p_2^2)} \tag{3-2}$$

式中　　k——气体的渗透率,μm^2;

　　　　p_0——标准大气压,MPa;

　　　　p_1——夹持器入口孔隙压力,MPa;

　　　　p_2——夹持器出口孔隙压力,MPa;

　　　　L——煤样长度,mm;

Q——1个标准大气压下(20 ℃)煤层气流量,mL/min;

μ——气体动力黏度,Pa·s;

A——煤样的截面面积,mm²。

3.2.2 试样来源

为了研究煤层瓦斯在煤岩中的渗流规律,从不同煤矿选取煤样并制作了8组风干标准煤试样和6组束缚水煤试样。煤样的参数见表3-1和表3-2。

表 3-1 风干煤样参数

编号	试样尺寸/mm×mm×mm	质量/g
F_1	98.5×52×50	319.56
F_2	97.5×51×51	320.42
F_3	97.6×50.3×50.7	315.33
F_4	98×50.5×50.5	323.29
F_5	100×51×47	311.31
F_6	100×49×51	312.81
F_7	101×49×51	331.23
F_8	101.36×50.14×50.16	330.30

表 3-2 束缚水煤样参数

编号	试样尺寸/mm×mm×mm	饱和前质量/g	饱和时间/h	饱和后质量/g	饱和度/%
W_1	98.5×52×50	319.56	45.5	334.98	4.5
W_2	97.8×50×52	320.42	47.5	340.36	6.5
W_3	97.6×50.3×50.7	315.33	141	329.40	4.5
W_4	100×51×47	311.31	46.5	316.77	1.8
W_5	100×49×50.7	312.81	89.5	319.25	2.1
W_6	101.36×50.14×50.16	330.30	47	332.61	0.7

3.2.3 试验结果

对风干煤样和束缚水煤样进行渗透率试验,得到煤样渗透率与孔隙压力和煤样围压之间的关系分别如图3-3和图3-4所示。

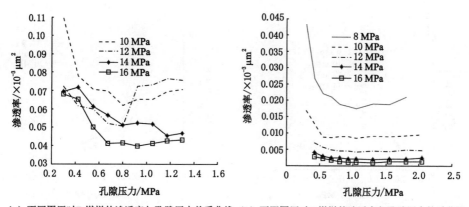

（a）不同围压时F₁煤样的渗透率与孔隙压力关系曲线　（b）不同围压时F₂煤样的渗透率与孔隙压力关系曲线

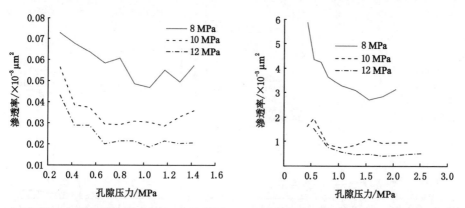

（c）不同围压时F₃煤样的渗透率与孔隙压力关系曲线　（d）不同围压时F₄煤样的渗透率与孔隙压力关系曲线

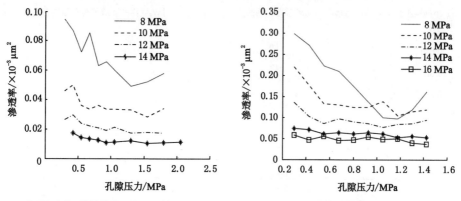

（e）不同围压时F₅煤样的渗透率与孔隙压力关系曲线　（f）不同围压时F₆煤样的渗透率与孔隙压力关系曲线

图 3-3　不同围压时风干煤样的渗透率与孔隙压力关系曲线

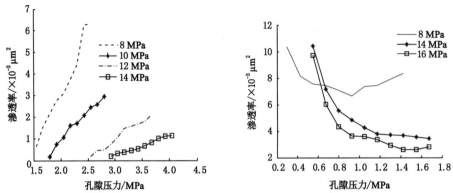

（g）不同围压时F7煤样的渗透率与孔隙压力关系曲线　（h）不同围压时F8煤样的渗透率与孔隙压力关系曲线

图 3-3（续）

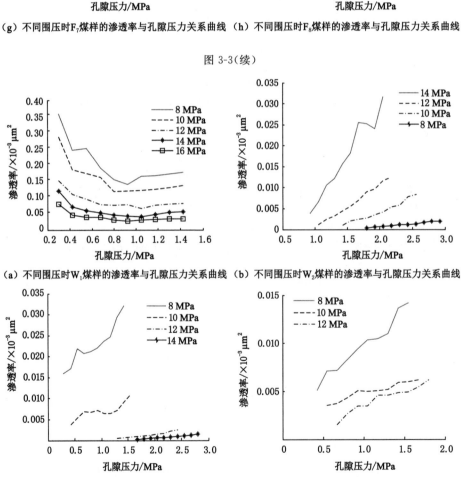

（a）不同围压时W1煤样的渗透率与孔隙压力关系曲线　（b）不同围压时W2煤样的渗透率与孔隙压力关系曲线

（c）不同围压时W3煤样的渗透率与孔隙压力关系曲线　（d）不同围压时W4煤样的渗透率与孔隙压力关系曲线

图 3-4　不同围压时束缚水煤样的渗透率与孔隙压力关系曲线

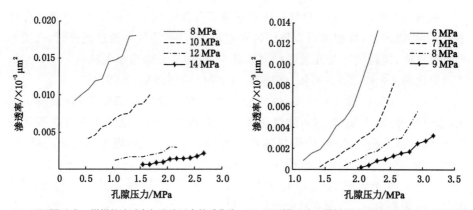

（e）不同围压时W₅煤样的渗透率与孔隙压力关系曲线　（f）不同围压时W₆煤样的渗透率与孔隙压力关系曲线

图 3-4（续）

3.2.4　试验结果分析

从图 3-3 可以看出：风干煤样的渗透率与孔隙压力关系曲线一般呈"V"形，即渗透率先随着瓦斯压力的增大而减小，之后再增大，这就是克林肯贝格效应。克林肯贝格效应的发生是由于在低渗透率条件下，当气体的平均自由程和煤岩孔隙尺寸相当时，会出现滑脱效应，即管壁上的气体分子也处于运动状态，速度不再为 0，这样与连续相相比就多出一个附加流量。克林肯贝格早期的研究认为气体渗透率在低压区发生异常是由于滑脱效应引起的，可用下式表示：

$$K = K_0 \left(1 + \frac{b}{P}\right) \tag{3-3}$$

式中　K——煤层的渗透率；

K_0——克氏渗透率；

P——压力；

b——克林肯贝格系数。

$$b = \frac{16c\mu}{W} \sqrt{\frac{2RT}{\pi M}} \tag{3-4}$$

式中　C——常数；

μ——气体黏度；

W——煤样裂隙宽度；

M——气体相对分子质量；

R——摩尔气体常数；

T——绝对温度。

由图 3-4 可知:束缚水煤样的渗透率随着孔压的增大逐渐增大,与风干煤样不同,主要原因是:煤饱和后煤体中的孔道被水占据,当气体通过煤样时,孔道不再吸附气体,使得气体与孔道壁的碰撞减少,煤的滑脱效应显著减弱。

对比图 3-3 和图 3-4 可知:水饱和后的煤样的渗透率有所降低。

分析图 3-3 和图 3-4 可知:煤的渗透率与有效围压密切相关,有效围压增大,渗透率降低,孔压增大(有效围压减小),渗透率升高。这是由于有效围压作用下,煤有被压密的趋势,使得煤的孔隙及裂隙空间减小,煤的渗透能力降低。因此,煤的渗透率主要与有效围压和孔压相关。

目前常用于计算煤的渗透率的公式主要有路易斯公式[151],仵彦卿公式[152]、赵阳升公式[145]和克林肯贝格公式[154]。

(1) 路易斯公式

$$k_{g0} = k_0 \exp(-a\sigma) \tag{3-3}$$

式中　k_0——初始渗透系数;

　　　a——耦合参数;

　　　σ——有效围压应力。

(2) 仵彦卿公式

$$k_{g0} = k_0 \sigma^{-a} \tag{3-4}$$

式中　k_0——$\sigma=0$ 时的渗透系数;

　　　σ——有效应力;

　　　a——系数。

(3) 赵阳升公式

$$k_g = a_0 \exp(a_1\Theta + a_2 p^2 + a_3\Theta p) \tag{3-5}$$

式中　p——孔隙压力;

　　　Θ——体积应力;

　　　a_0, a_1, a_2, a_3——回归系数。

(4) 克林肯贝格公式

$$k_{g0} = k_0\left(1 + \frac{b}{p}\right) \tag{3-6}$$

式中　k_0, b——系数。

分别利用上述公式拟合试验数据,拟合结果见表 3-3 至表 3-6。

对表 3-3 至表 3-6 的拟合结果进行统计分析,结果可参见图 3-4、图 3-5 和图 3-6。

图 3-5 是 4 个公式拟合风干和束缚水煤样渗透率试验数据的相关系数的 Box 对比图。由图 3-5 可知:赵阳升公式拟合效果最好,克林肯贝格公式次之,该公式的拟合效果也较好,拟合结果与试验数据之间的相关系数在 0.9 以上。

表 3-3 路易斯公式拟合结果

煤样	围压/MPa	拟合参数		相关系数
		k_0	a	
F_1	10	4.25×10^{-6}	$-0.308\ 0$	0.654
	12	6.87×10^{-4}	$0.210\ 0$	0.494
	14	1.40×10^{-7}	$-0.453\ 0$	0.949
	16	3.58×10^{-4}	$-0.472\ 0$	0.815
F_2	8	$2.172\ 3 \times 10^{-6}$	$-0.326\ 2$	0.622
	10	2.932×10^{-6}	$-0.131\ 7$	0.423
	12	1.082×10^{-6}	$-0.136\ 7$	0.525
	14	1.076×10^{-7}	$-0.238\ 7$	0.618
	16	1.090×10^{-9}	$-0.477\ 4$	0.797
F_3	8	4.3624×10^{-6}	$-0.387\ 2$	0.878
	10	1.301×10^{-6}	$-0.507\ 1$	0.842
	12	3.852×10^{-6}	$-0.285\ 0$	0.695
	14	1.649×10^{-6}	$-0.275\ 1$	0.897
F_4	8	$3.193\ 1 \times 10^{-7}$	$-0.350\ 1$	0.826
	10	$1.237\ 4 \times 10^{-7}$	$-0.245\ 4$	0.599
	12	$7.752\ 9 \times 10^{-9}$	$-0.410\ 6$	0.729
F_5	8	$7.256\ 2 \times 10^{-6}$	$-0.289\ 9$	0.794
	10	$1.977\ 5 \times 10^{-6}$	$-0.311\ 9$	0.617
	12	$6.653\ 9 \times 10^{-8}$	$-0.527\ 0$	0.788
F_6	8	$3.585\ 9 \times 10^{-7}$	$-0.863\ 1$	0.913
	10	$1.862\ 8 \times 10^{-6}$	$-0.468\ 8$	0.814
	12	$8.249\ 0 \times 10^{-6}$	$-0.264\ 7$	0.669
	14	$1.636\ 4 \times 10^{-6}$	$-0.275\ 6$	0.897
	16	$6.743\ 1 \times 10^{-7}$	$-0.280\ 7$	0.708
F_7	8	$3.857\ 9 \times 10^{-6}$	$-0.549\ 4$	0.794
	10	$8.610\ 3 \times 10^{-7}$	$-0.565\ 0$	0.797
	12	$5.256\ 3 \times 10^{-7}$	$-0.458\ 5$	0.755
	14	$7.330\ 6 \times 10^{-8}$	$-0.506\ 0$	0.675
	16	$9.810\ 7 \times 10^{-9}$	$-0.545\ 4$	0.724

表 3-3(续)

煤样	围压/MPa	拟合参数		相关系数
		k_0	a	
F_8	8	3.4982×10^{-6}	-0.1116	0.391
	14	6.6758×10^{-11}	-0.8662	0.898
	16	1.6191×10^{-12}	-0.9851	0.879
W_1	8	0.4136	1.9985	0.969
	10	72.6339	2.3132	0.913
	12	28.0350	1.9370	0.931
	14	5.5582	1.5290	0.975
W_2	8	0.8188	1.6783	0.940
	10	75.7067	1.9630	0.964
	12	83.5289	1.6927	0.986
	14	8.4306	1.3667	0.980
W_3	8	0.0010	0.5338	0.954
	10	0.0021	0.6338	0.874
	12	2.2587	1.4290	0.995
	14	51.3498	1.5426	0.988
W_4	8	0.0027	0.8086	0.979
	10	3.6625×10^{-4}	0.4850	0.957
	12	0.1470	0.9787	0.934
W_5	8	0.0010	0.6100	0.986
	10	0.0050	0.7450	0.983
	12	0.0068	0.7907	0.969
	14	0.9888	1.1510	0.967
W_6	6	0.0770	2.3153	0.996
	7	1.2750	2.6556	0.992
	8	0.4080	2.1883	0.988
	9	3.4314	2.3359	0.972

表 3-4 仵彦卿公式拟合结果

煤样	围压/MPa	拟合参数		相关系数
		k_0	a	
F$_1$	10	1.508×10^{-7}	$-2.783\ 0$	0.643
	12	0.0212	2.395	0.501
	14	1.144×10^{-11}	$-5.967\ 0$	0.947
	16	1.772×10^{-13}	$-7.128\ 0$	0.810
F$_2$	8	$3.100\ 1 \times 10^{-7}$	$-2.177\ 1$	0.599
	10	$8.380\ 0 \times 10^{-7}$	$-1.109\ 8$	0.406
	12	$1.491\ 5 \times 10^{-7}$	$-1.454\ 6$	0.514
	14	$1.485\ 4 \times 10^{-9}$	$-2.878\ 0$	0.592
	16	$1.267\ 5 \times 10^{-13}$	$-5.993\ 4$	0.727
F$_3$	8	$3.824\ 5 \times 10^{-7}$	$-2.647\ 3$	0.867
	10	$2.535\ 8 \times 10^{-7}$	$-2.246\ 9$	0.733
	12	$4.311\ 3 \times 10^{-9}$	$-3.537\ 3$	0.884
	14	$8.197\ 8 \times 10^{-9}$	$-2.857\ 9$	0.780
F$_4$	8	$4.152\ 5 \times 10^{-8}$	$-2.310\ 3$	0.808
	10	$1.256\ 1 \times 10^{-8}$	$-2.046\ 6$	0.582
	12	$3.252\ 3 \times 10^{-11}$	$-4.164\ 7$	0.710
F$_5$	8	$1.054\ 4 \times 10^{-6}$	$-2.035\ 5$	0.784
	10	$7.291\ 0 \times 10^{-8}$	$-2.780\ 9$	0.603
	12	$1.973\ 1 \times 10^{-11}$	$-5.806\ 8$	0.780
F$_6$	8	$1.091\ 3 \times 10^{-9}$	$-6.087\ 5$	0.901
	10	$1.148\ 0 \times 10^{-8}$	$-4.237\ 9$	0.805
	12	$8.446\ 7 \times 10^{-8}$	$-2.904\ 8$	0.660
	14	$5.502\ 0 \times 10^{-9}$	$-3.617\ 8$	0.896
	16	$4.410\ 1 \times 10^{-10}$	$-4.262\ 5$	0.710
F$_7$	8	$1.028\ 4 \times 10^{-7}$	$-3.841\ 9$	0.780
	10	$1.954\ 7 \times 10^{-9}$	$-5.087\ 0$	0.786
	12	$4.643\ 6 \times 10^{-10}$	$-5.037\ 1$	0.746
	14	$2.706\ 1 \times 10^{-12}$	$-6.545\ 1$	0.666
	16	$8.631\ 6 \times 10^{-15}$	$-8.170\ 8$	0.717

表 3-4(续)

煤样	围压/MPa	拟合参数		相关系数
		k_0	a	
F₈	8	$1.774\ 8\times10^{-6}$	$-0.751\ 1$	0.372
	14	$2.281\ 0\times10^{-18}$	$-11.094\ 1$	0.893
	16	$2.952\ 3\times10^{-23}$	$-14.589\ 1$	0.874
W₁	8	$3.807\ 8\times10^{3}$	11.795 7	0.965
	10	$5.650\ 6\times10^{9}$	17.634 9	0.907
	12	$1.538\ 3\times10^{10}$	17.097 7	0.925
	14	$1.330\ 9\times10^{10}$	16.016 1	0.972
W₂	8	$9.326\ 4\times10^{3}$	10.827 1	0.933
	10	$6.795\ 8\times10^{9}$	16.359 4	0.959
	12	$2.875\ 3\times10^{11}$	16.893 0	0.984
	14	$8.300\ 7\times10^{10}$	15.859 6	0.978
W₃	8	0.039 6	3.807 1	0.956
	10	1.887 1	5.703 2	0.876
	12	$4.033\ 1\times10^{8}$	14.461 4	0.995
	14	$1.541\ 0\times10^{13}$	18.085 9	0.986
W₄	8	0.547 7	5.644 6	0.978
	10	0.057 6	4.289 6	0.953
	12	$2.478\ 1\times10^{5}$	10.469 7	0.931
W₅	8	0.066 4	4.342 5	0.985
	10	12.080 8	6.595 4	0.981
	12	414.690 0	8.215 6	0.970
	14	$5.232\ 0\times10^{8}$	13.644 1	0.966
W₆	6	5.518 9	9.777 8	0.992
	7	$3.408\ 2\times10^{3}$	13.174 2	0.990
	8	$2.686\ 5\times10^{3}$	12.231 5	0.986
	9	$8.880\ 4\times10^{5}$	14.780 4	0.966

表 3-5 赵阳升公式拟合结果

煤样	围压/MPa	拟合参数				相关系数
		a_0	a_1	a_2	a_3	
F_1	10	1.000 0	$-0.863\ 3$	0.908 7	$-0.312\ 5$	0.961
	12	1.000 0	$-0.771\ 5$	0.840 5	$-0.183\ 3$	0.731
	14	1.000 0	$-0.663\ 6$	0.160 9	$-0.110\ 8$	0.958
	16	1.000 0	$-0.558\ 1$	1.040 4	$-0.187\ 1$	0.958
F_2	8	1.000 0	$-1.206\ 4$	0.482 0	$-0.428\ 5$	0.964
	10	1.000 0	$-1.086\ 3$	0.259 5	$-0.240\ 9$	0.827
	12	1.000 0	$-0.959\ 7$	0.282 7	$-0.187\ 8$	0.918
	14	1.000 0	$-0.850\ 1$	0.472 6	$-0.194\ 0$	0.971
	16	1.000 0	$-0.748\ 1$	0.680 9	$-0.208\ 9$	0.962
F_3	8	1.000 0	$-1.114\ 2$	0.098 7	$-0.288\ 4$	0.919
	10	1.000 0	$-0.967\ 5$	0.177 1	$-0.201\ 0$	0.879
	12	1.000 0	$-0.854\ 3$	0.100 6	$-0.140\ 1$	0.935
	14	1.000 0	$-0.761\ 5$	0.202 0	$-0.128\ 5$	0.949
F_4	8	1.000 0	$-1.442\ 0$	0.127 8	$-0.379\ 6$	0.983
	10	1.000 0	$-1.271\ 3$	0.233 2	$-0.292\ 6$	0.793
	12	1.000 0	$-1.027\ 3$	0.410 6	$-0.304\ 6$	0.990
F_5	8	1.000 0	$-1.144\ 8$	0.275 3	$-0.304\ 3$	0.879
	10	1.000 0	$-0.920\ 4$	0.967 8	$-0.350\ 7$	0.964
	12	1.000 0	$-0.790\ 0$	0.893 7	$-0.278\ 2$	0.952
F_6	8	1.000 0	$-0.892\ 8$	0.805 4	$-0.502\ 6$	0.863
	10	1.000 0	$-0.800\ 6$	0.546 0	$-0.267\ 2$	0.928
	12	1.000 0	$-0.713\ 0$	0.617 9	$-0.198\ 9$	0.914
	14	1.000 0	$-0.674\ 9$	$-0.045\ 2$	$-0.071\ 1$	0.897
	16	1.000 0	$-0.619\ 4$	$-0.334\ 6$	$-0.022\ 6$	0.753
F_7	8	1.000 0	$-0.898\ 8$	0.941 9	$-0.489\ 7$	0.955
	10	1.000 0	$-0.746\ 0$	1.019 4	$-0.370\ 9$	0.972
	12	1.000 0	$-0.679\ 0$	1.031 2	$-0.283\ 8$	0.980
	14	1.000 0	$-0.580\ 8$	1.652 6	$-0.320\ 8$	0.986
	16	1.000 0	$-0.544\ 4$	1.387 9	$-0.244\ 1$	0.966

表 3-5(续)

煤样	围压/MPa	拟合参数				相关系数
		a_0	a_1	a_2	a_3	
F₈	8	1.000 0	−1.390 7	0.507 0	−0.378 8	0.957
	14	1.000 0	−0.767 9	0.979 1	−0.270 7	0.995
	16	1.000 0	−0.613 6	1.118 6	−0.296 7	0.988
W₁	8	1.000 0	−2.999 2	−0.972 4	0.765 6	0.933
	10	1.000 0	−3.878 9	−2.233 2	1.612 4	0.871
	12	1.000 0	−3.189 0	−1.028 5	0.891 9	0.946
	14	1.000 0	−2.136 7	−0.469 7	0.379 8	0.968
W₂	8	1.000 0	−2.106 8	−1.026 6	0.522 5	0.954
	10	1.000 0	−1.935 6	−1.108 4	0.531 6	0.948
	12	1.000 0	−1.570 6	−0.507 9	0.266 8	0.955
	14	1.000 0	−1.479 9	−0.459 7	0.222 0	0.965
W₃	8	1.000 0	−1.388 9	−0.036 6	−0.126 2	0.952
	10	1.000 0	−1.257 5	−0.109 0	−0.050 9	0.858
	12	1.000 0	−1.422 9	−0.152 7	0.069 5	0.973
	14	1.000 0	−1.580 1	−0.625 4	0.289 9	0.962
W₄	8	1.000 0	−1.579 2	−0.316 0	−0.024 3	0.970
	10	1.000 0	−1.309 6	−0.317 1	−0.015 3	0.969
	12	1.000 0	−1.266 5	−0.893 8	0.202 0	0.938
W₅	8	1.000 0	−1.474 5	−0.144 2	−0.098 1	0.985
	10	1.000 0	−1.312 6	−0.327 5	0.020 7	0.983
	12	1.000 0	−1.165 5	0.112 7	−0.084 1	0.971
	14	1.000 0	−1.331 9	−0.419 1	0.162 6	0.963
W₆	6	1.000 0	−3.094 3	−0.437 0	0.292 9	0.943
	7	1.000 0	−3.558 6	−0.871 3	0.846 5	0.912
	8	1.000 0	−3.217 3	−0.679 4	0.666 0	0.931
	9	1.000 0	−3.762 6	−1.040 0	1.061 6	0.919

表 3-6 克林肯贝格公式拟合结果

煤样	围压/MPa	拟合参数		相关系数
		k_0	b	
F_1	10	5.0401×10^{-5}	0.2948	0.878
	12	6.884×10^{-5}	-0.0275	0.757
	14	4.022×10^{-5}	0.2573	0.922
	16	2.942×10^{-5}	0.4086	0.923
F_2	8	1.13×10^{-5}	0.6986	0.896
	10	6.66×10^{-6}	0.3652	0.818
	12	3.55×10^{-6}	0.3214	0.819
	14	1.38×10^{-6}	0.6340	0.858
	16	4.77×10^{-7}	1.7437	0.918
F_3	8	4.581×10^{-5}	0.3514	0.902
	10	2.6987×10^{-5}	0.2416	0.854
	12	1.573×10^{-5}	0.2569	0.882
	14	8.532×10^{-6}	0.3893	0.948
F_4	8	1.93018×10^{-6}	0.7843	0.963
	10	6.2123×10^{-7}	0.7409	0.762
	12	6.8102×10^{-8}	10.004	0.906
F_5	8	4.5182×10^{-5}	0.1944	0.866
	10	2.2343×10^{-5}	0.3868	0.859
	12	1.2067×10^{-5}	0.6994	0.937
F_6	8	6.9582×10^{-5}	1.0958	0.916
	10	8.1311×10^{-5}	0.4802	0.943
	12	6.8936×10^{-5}	0.2464	0.875
	14	5.06101×10^{-5}	0.1480	0.872
	16	4.0028×10^{-5}	0.1305	0.658
F_7	8	9.6452×10^{-5}	0.7523	0.933
	10	7.1239×10^{-5}	0.8189	0.943
	12	4.8148×10^{-5}	0.5857	0.934
	14	2.3678×10^{-5}	1.0343	0.889
	16	1.5917×10^{-5}	1.0186	0.911

表 3-6(续)

煤样	围压/MPa	拟合参数		相关系数
		k_0	b	
F$_8$	8	$6.538\ 25 \times 10^{-6}$	0.133 6	0.732
	14	$1.204\ 6 \times 10^{-6}$	2.178 0	0.989
	16	$-1.135\ 8 \times 10^{-6}$	$-4.591\ 0$	0.943
W$_1$	8	$1.433\ 7 \times 10^{-5}$	$-1.520\ 7$	0.961
	10	$7.725\ 4 \times 10^{-6}$	$-1.756\ 1$	0.996
	12	$6.442\ 2 \times 10^{-6}$	$-2.516\ 7$	0.985
	14	$3.716\ 4 \times 10^{-6}$	$-2.829\ 1$	0.982
W$_2$	8	$4.939\ 3 \times 10^{-5}$	$-0.906\ 1$	0.961
	10	$2.187\ 8 \times 10^{-5}$	$-1.063\ 6$	0.966
	12	$1.607\ 2 \times 10^{-5}$	$-1.404\ 0$	0.947
	14	$4.402\ 8e^{-6}$	$-1.693\ 8$	0.967
W$_3$	8	$2.996\ 1 \times 10^{-5}$	$-0.162\ 1$	0.827
	10	$1.038\ 6 \times 10^{-5}$	$-0.271\ 6$	0.805
	12	$4.282\ 8 \times 10^{-6}$	$-1.242\ 8$	0.932
	14	$2.998\ 8e^{-6}$	$-1.612\ 0$	0.973
W$_4$	8	$1.537\ 5 \times 10^{-5}$	$-0.311\ 5$	0.916
	10	$7.229\ 0 \times 10^{-6}$	$-0.304\ 0$	0.959
	12	$8.137\ 8 \times 10^{-6}$	$-0.548\ 2$	0.981
W$_5$	8	$1.812\ 6 \times 10^{-5}$	$-1.773\ 0$	0.865
	10	$1.153\ 6 \times 10^{-5}$	$-0.391\ 3$	0.953
	12	$4.134\ 8 \times 10^{-6}$	$-0.812\ 5$	0.893
	14	$3.824\ 8 \times 10^{-6}$	$-1.391\ 3$	0.961
W$_6$	6	$2.161\ 8 \times 10^{-5}$	$-1.244\ 1$	0.901
	7	$1.445\ 1 \times 10^{-5}$	$-1.509\ 6$	0.899
	8	$1.158\ 54 \times 10^{-5}$	$-1.838\ 7$	0.933
	9	$8.194\ 7 \times 10^{-6}$	$-2.084\ 3$	0.968

　　图 3-6 是 4 个公式拟合风干煤样渗透率试验数据的 Box 对比图。由图 3-6 可以看出:赵阳升公式拟合风干煤样的渗透率试验数据效果最好,其次是克林肯贝格公式。

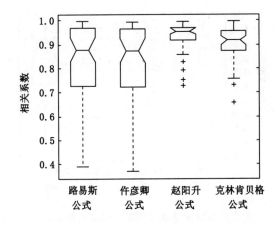

图 3-5 4 个公式拟合渗透率试验数据的 Box 对比图

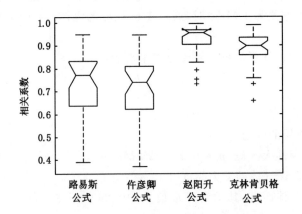

3-6 4 个公式拟合风干煤样渗透率试验数据的 Box 对比图

图 3-7 是 4 个公式拟合束缚水煤样渗透率试验数据的 Box 对比图。由图 3-7可以看出:路易斯公式拟合束缚水煤样的渗透率试验数据效果最好,其次是仵彦卿公式。

由以上统计分析结果来看:由于赵阳升公式考虑渗透率围压、孔隙压力及围压孔隙压力耦合的影响,因此总体上拟合精度较高。克林肯贝格公式能较好地拟合克林肯贝格效应显著的风干煤样的试验数据,因此,对于克林肯贝格效应明显的煤可采用赵阳升公式或克林肯贝格公式计算煤的渗透率。由于克林肯贝格公式拟合精度较高,参数少,已具有大量试验成果,应优先采用。对于克林肯贝格效应不明显的煤应优先采用路易斯公式或仵彦卿公式。两者相比较而言,路易斯公式拟合精度高、参数少,因此建议在工程中优先采用路易斯公式。

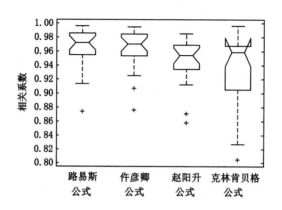

图 3-7 4 个公式拟合束缚水煤样渗透率试验数据的 Box 对比图

在瓦斯抽采数值计算中也常采用透气系数,其物理意义为:在 1 m³ 煤体两侧,瓦斯压力平方差为 1 MPa² 时,通过 1 m 长度的煤体,在 1 m² 煤面上每日流过的瓦斯体积。

煤层瓦斯的透气系数可以用渗透率来表达:

$$K = \frac{k}{2\mu_g p_0}$$

式中 K——透气系数,m²/(MPa² · d);

   k——煤层的渗透率,m²;

   p_0——标准大气压,$p_0 = 0.101\,325$ MPa;

   μ_g——瓦斯气体的动力黏度,Pa · s。

对于瓦斯气体而言,其动力黏度值为 $(10.26 \pm 0.030\,5) \times 10^{-6} t$,其中 $t = 0 \sim 100$ ℃。在室温下,1 m²/(MPa² · d) 相当于该煤层的渗透率为 2.5×10^{-7} m²。可见在温度一定的条件下,透气系数与渗透率成正比,因此采用透气系数来描述煤层的渗透率时,其计算公式选用与上面渗透率的分析完全相同,后面不再赘述。后面在建立非均质、随机裂隙煤的渗流-应力耦合模型时大多数采用了路易斯公式,并采用了透气系数,后面不再详述,如果采用其他公式将予以说明。

下面以上述试验结果为基础,建立煤层瓦斯流动的固-气耦合数学模型。

3.3 煤层瓦斯流动固-气耦合数学模型

3.3.1 基本假设

在建立瓦斯渗流方程时假设如下:

（1）将瓦斯视为理想气体，假设流动过程为等温过程，则瓦斯的状态方程为：

$$\rho = \frac{p}{RT} \tag{3-7}$$

（2）假设瓦斯在煤岩中的渗流符合达西定律，忽略瓦斯重力引起的势，则达西定律写为：

$$q_i = -K_i P \tag{3-8}$$

式中　q_i——瓦斯渗流速度分量；

　　　K_i——煤层瓦斯的透气系数；

　　　$P = p^2$，p 为瓦斯压力。

（3）煤层中的瓦斯含量近似用下式表示：

$$W = A\sqrt{p} \tag{3-9}$$

式中　W——煤体的瓦斯含量，$\mathrm{m^3/t}$；

　　　A——煤层瓦斯含量系数，一般为 $1\sim4$ $\mathrm{m^2/(t \cdot MPa^{1/2})}$。

（4）煤体为弹性体，服从胡克定律。

（5）煤体完全被瓦斯饱和。

（6）煤的有效应力变化遵循修正的 Taizaghi 有效应力规律：

$$\sigma_{ij} = \sigma'_{ij} + \alpha p \delta_{ij} \tag{3-10}$$

式中　σ_{ij}，σ_{ij}'，α——煤岩的总应力、有效应力和 biot 数。

（7）瓦斯的透气系数用路易斯公式表示：

$$K = K_0 e^{-\beta\sigma'_3} \tag{3-11a}$$

或用克林肯贝格公式表示：

$$K = K_0 \left(1 + \frac{b}{p}\right) \tag{3-11b}$$

式中　K_0——无应力时的瓦斯透气系数。

3.3.2　瓦斯渗流方程

结合式（3-7）至式（3-9）及单元瓦斯质量守恒原理，瓦斯渗流方程为：

$$\frac{\partial}{\partial x}\left(K_x \frac{\partial P}{\partial x}\right) + \frac{\partial}{\partial y}\left(K_y \frac{\partial P}{\partial y}\right) + \frac{\partial}{\partial z}\left(K_z \frac{\partial P}{\partial z}\right) = S(P)\frac{\partial P}{\partial t} - 2\sqrt{P}\,\frac{\partial \varepsilon_v}{\partial t}$$

$$\tag{3-12}$$

式中　ε_V——煤岩骨架的体积应变；

　　　$S(P) = \dfrac{1}{4} A P^{-3/4}$。

式（3-12）中右端的第二项为考虑煤岩体骨架弹性变形对渗流影响的耦合项。

3.3.3 煤弹性变形场控制方程

假设煤为连续介质,变形微小,则其应力平衡方程为:

$$\sigma'_{ij,j} + f_i - (\alpha p)_{,i} = 0 \tag{3-13}$$

几何方程为:

$$\varepsilon_{ij} = \frac{1}{2}(u_{i,j} + u_{j,i}) \tag{3-14}$$

本构方程为:

$$\sigma'_{ij} = D_{ijkl}\varepsilon_{kl} \tag{3-15}$$

式中 D_{ijkl}——煤岩弹性矩阵张量。

3.3.4 定解条件

3.3.4.1 渗流场的定解条件

(1)边界压力条件

含瓦斯煤岩边界的压力已知或单井产量已知时,可写为:

$$p_{s_1} = p(x, y, z, t)$$

或

$$\left.\frac{\partial p}{\partial n}\right|_{s_2} = f_q(x, y, z, t) \tag{3-16}$$

式中 $p(x,y,z,t)$——边界 s_1 上的一点 (x,y,z) 在时间 t 时的压力;

$f_q(x,y,z,t)$——边界 s_2 上的一点 (x,y,z) 在时间 t 时的压力变化率。

(2)初始压力条件

$$p(x,y,z)\big|_{t=0} = p_l(x,y,z) \tag{3-17}$$

3.3.4.2 变形场的定解条件

第一类边界条件为煤岩骨架的表面力已知:

$$\sigma_{ij}n_j = s_i(x,y,z) \tag{3-18}$$

式中 n_j——边界的方向导数;

s_i——表面力分布函数。

第二类边界条件为煤岩骨架的表面位移已知:

$$u_i = g_i(x,y,z) \tag{3-19}$$

3.3.5 固-气耦合数学模型

式(3-11)至式(3-19)构成了基于弹性固结理论的煤岩瓦斯抽采模拟的数学模型。

3.4 数值解法

建立的固-气耦合数学模型是一个非线性偏微分方程组,需采用数值方法求解。对式(3-12)利用有限元和中心差分进行离散,可得到 $t+\Delta t$ 时刻的 P 为:

$$\{P\}_{t+\Delta t} = \left([K]_p + \frac{[C]}{\Delta t}\right)^{-1} (\frac{[C]}{\Delta t} \{P\}_t + \{Q\} -$$

$$2\sqrt{(\{P\}_{t+\Delta t} + \{P\}_t)/2} \; \frac{\varepsilon_{V,t+\Delta t} - \varepsilon_{V,t}}{\Delta t}) \tag{3-20}$$

式(3-13)、式(3-14)、式(3-15)可离散为:

$$[K]^{\mathrm{T}} \{u\} = \{f\} \tag{3-21}$$

式中　$[K]_p$——渗流场总刚度矩阵;

　　　$[C]$——储量矩阵,由 $S(P)$ 决定;

　　　$\{Q\}$——节点流量向量;

　　　$[K]^{\mathrm{T}}$——煤岩骨架的变形场总刚度矩阵;

　　　$\{u\}$——节点位移向量;

　　　$\{f\}$——节点力向量,包括体力、面力和孔压形成的等效荷载。

根据式(3-20)和式(3-21),利用 MATLAB 程序设计语言开发了煤瓦斯渗流-应力弹性固结耦合计算程序 Coupling Analysis,其整体设计思想是渗流场和应力场的迭代运算。整个程序由主程序控制模块、计算模块和计算成果输出模块组成。主程序控制模块包括初始数据输入子模块、网格剖分子模块、子程序调用模块。计算模块包括渗流分析计算子模块和应力分析子模块。计算成果输出模块输出各种场变量的等值线图和彩色云图。计算程序如图 3-8 所示。

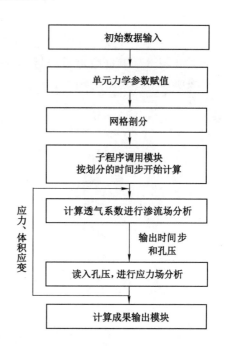

图 3-8　Coupling Analysis 计算程序

3.5 可行性证明实例及解析

由于缺乏固-气耦合解析解,本书在验证程序时采用了 Y. S. Wu 等[150] 推导的不考虑固-气耦合、稳态但考虑克林肯贝格效应的解析解进行检验。

Y. S. Wu 的解采用的是克林肯贝格公式,不考虑耦合作用,对于一维、稳态的煤体,其孔压方程为:

$$\frac{\partial}{\partial x}\left[\frac{k_0\alpha(p+b)}{\mu_g}\frac{\partial p}{\partial x}\right]=0 \tag{3-22}$$

式中 μ_g——气体动力黏度,Pa·s。

Y. S. Wu 的解的边界条件为:在 $x=0$ 处有一个流入流量 Q_m,在 $x=L$ 处有一个定压 $p(L)$,则稳态解可写为:

$$p(x)=-b+\sqrt{b^2+p(L)^2+2bp(L)+\frac{2Q_m\mu_g(L-x)}{k_0\alpha}} \tag{3-23}$$

在数值计算中将其视为一维问题,克林肯贝格公式中的 k_0 和 b 分别取 5.0×10^{-19} m^2,7.6×10^5 Pa,$L=10$ m,$p(L)=10^5$ Pa,$Q_m=10^{-6}$ kg/s,$\mu_g=1.84\times10^{-5}$ Pa/s,$\alpha=1.18\times10^{-5}$ kg/(Pa·m^3)。

代入计算程序,得到一维、稳态、不考虑耦合的孔压分布数值解,如图 3-9 所示,同时在图 3-9 中也绘出了解析解。由图 3-9 可知:数值解和解析解基本一致,这表明本书计算代码可靠。

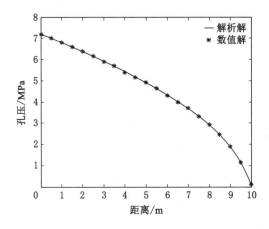

图 3-9 算例孔压分布的解析解和数值解比较

3.6　计算实例

辽宁王营子矿某瓦斯开采试井,开采深度为 173 m,上覆围岩平均重度为 23 kN/m³,自重应力为 4 MPa,试井半径为 0.2 m,研究区域为 100 m,四周为定压边界 $p=1.1$ MPa,井边界为定压边界 $p=0.1$ MPa,初始瓦斯压力 $p=$ 1.1 MPa,其他参数为:初始透气系数为 23.8 m²/(MPa²·d),$A=$ 2 m²/(t·MPa$^{1/2}$),弹性模量 $E=2$ 100 MPa;泊松比 $\mu=0.3$;$\beta=2.5$。

数值模拟采用平面应变模型,共划分了 541 个三角形单元。将上述参数输入计算程序,计算得到 2 880 d 的瓦斯压力和应力的计算结果分别如图 3-10 至图 3-13 所示。

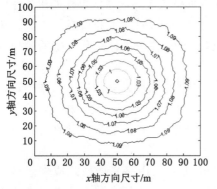 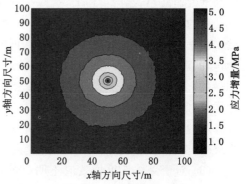

图 3-10　2 880 d 的瓦斯压力分布图　　　　图 3-11　2 880 d 的瓦斯透光系数
　　　　　　（单位:MPa）

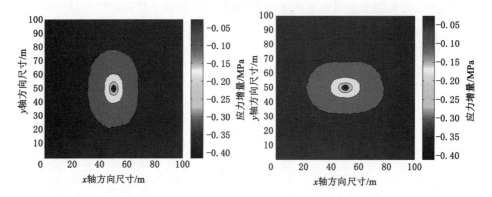

图 3-12　2 880 d 煤体 x 轴方向的应力增量　　图 3-13　2 880 d 煤体 y 轴方向的应力增量

图 3-10 是 2 880 d 的瓦斯压力分布图,可以看出:瓦斯压力环井降压分布,并关于井心对称,这与工程实践经验相符。图 3-11 是 2 880 d 瓦斯透气系数的演化规律。由图 3-11 可以看出:由于围压的影响,透气系数大幅下降,与工程实践经验相符。图 3-12 和图 3-13 分别是煤岩 x 轴方向应力增量和 y 轴方向应力增量的分布图。

3.7　本章小结

通过瓦斯渗流试验和建立煤的变形与瓦斯流动耦合的数学模型,得到如下结论:

(1)风干煤样的渗透率与孔隙压力一般呈"V"形,即渗透率先随着瓦斯压力的增大而减小,之后再增大,这就是克林肯贝格效应。束缚水煤样的渗透率随着孔压的增大逐渐增大,与风干煤样不同,主要原因是:煤饱和后煤体中的孔道被水占据,当气体通过煤样时,孔道不再吸附气体,使得气体与孔道壁的碰撞减少,煤的滑脱效应显著减弱。

(2)克林肯贝格公式能较好地拟合克林肯贝格效应显著的风干煤样的试验数据,因此,对于克林肯贝格效应明显的煤可采用赵阳升公式或克林肯贝格公式计算煤的渗透率。由于克林肯贝格公式拟合精度较高、参数少且已具有大量试验成果,应优先采用。

(3)对于克林肯贝格效应不明显的煤应优先采用路易斯公式或仵彦卿公式。两者相比较而言,路易斯公式拟合精度高、参数少,因此建议在工程中优先采用路易斯公式。

(4)建立了煤的变形与瓦斯流动耦合的数学模型,开发相应的有限元计算程序,并通过实例来证明模型的可行性,结果表明该程序计算结果可靠。

4 煤体的非均质表征方法及渗流-应力耦合数学模型

第 3 章在煤的瓦斯渗流试验基础上建立了考虑煤的弹性变形对瓦斯流动影响的固-气耦合数学模型,本章考虑煤的非均质对煤中瓦斯流动的影响。

煤是一种由多种矿物晶粒、胶结物、孔隙和裂隙缺陷等组成的非均质材料,在瓦斯抽采过程中,煤骨架所承受的有效应力改变。由于材料非均质,煤内出现应力集中,达到一定水平时,局部发生破坏,发生破坏的单元的承载能力不再增长,渗透性发生改变,进一步增加的应力被转移至邻近单元,从而引起更多单元破坏和渗透性改变。

本章采用 Weibull 分布考虑煤力学参数的非均匀性,基于弹塑性力学理论考虑煤应力及破坏状态对煤层透气性的影响,建立煤的变形和瓦斯渗流过程耦合的弹塑性数学模型,并将该模型用于模拟某瓦斯抽采过程。

4.1 煤非均质力学特性模型

煤体内部细观结构具有非均质性,而这种非均质性实质上就是煤岩材料颗粒物理力学性质的非均匀性。根据概率统计学理论,非均质煤岩的随机变量是煤岩颗粒的物理力学特性(包括弹性模量、泊松比、内摩擦角、抗拉强度、抗剪强度、抗压强度、热膨胀系数、比热容、密度和热传导系数等)。

设 X 是非均质岩石的某一物理力学参数,即 X 为随机变量,x 是任意实数,函数

$$F(x) = P \quad (X \leqslant x) \tag{4-1}$$

称为非均质岩石随机变量 x 的分布函数,简称 x 的分布函数。实际上 $F(x)$ 是指非均质岩石的某一物理力学特性的分布函数。

对于任意实数 $x_1, x_2 (x_1 < x_2)$,有:

$$P\{x_1 < X \leqslant x_2\} = P\{X \leqslant x_2\} - P\{X \leqslant x_1\} = F(x_2) - F(x_1) \tag{4-2}$$

因此,若已知 X 的分布函数,就知道 X 在区间 $[x_1, x_2]$ 的概率。从这种意义上来说,X 的分布函数完整地描述了 X 的随机变量的统计规律性。

如果将煤岩的随机变量 X 看成数轴上随机点的坐标,那么 X 的分布函数 $F(x)$ 在 x 处的函数值表示点 x 在区间 $[-\infty, x]$ 的概率。

如果岩石的随机变量 X 中全部可能取到的值是有限个或是可列无限多个的,这种随机变量为煤岩的离散型随机变量。如果岩石的随机变量 X 的分布函数 $F(x)$,存在非负的函数 $p(x)$,使对于任意实数 x 有

$$F(x) = \int_{-\infty}^{\pi} p(t) \mathrm{d}t \tag{4-3}$$

则称 x 为煤岩的连续型随机变量,其中函数 $p(x)$ 称为非均质岩石的随机变量 x 的概率密度函数,简称 x 的概率密度。实际上 $p(x)$ 是指非均质岩石的物理力学特性的概率密度函数。

从力学上看,煤的非均质性表现为煤的力学参数在一定的空间几何域内具有空间变异性。这种空间变异性是整体的结构性和局部的随机性的统一,因此煤的力学参数实质上是一个空间随机场。一般来说,工程煤体的力学参数具有以下特点:① 非高斯型;② 非平稳性;③ 空间变异性很强烈;④ 空间变异各向异性。因此,要从整体上定量分析和描述随机场的空间变异性,对单元体力学参数进行赋值是困难的,所以需要采用化整体分析为局部处理的方法将问题简化。具体的操作方法是:首先根据煤力学性质的非均质性对整个工程煤体进行分级分区,并以此为基础划分单元体;然后再对各分区煤体进行力学参数随机场的空间变异性分析;最后根据单元体的位置及所属类别对单元体力学参数赋值。对于同一区的不同单元体,其赋值一般采用蒙特-卡洛方法。这种方法考虑了分区内煤体力学特性所具有的空间变异随机性。尽管该方法忽略了其空间变异结构性,其后果是单元体力学参数的赋值随意性太大,有时赋值结果与实际严重偏离,这种研究的结构体系并不严密,但是从统计角度在当前研究水平上,这是一条合理、可行、有效的途径。另外,已有研究表明:煤体宏观力学行为本质上是大量单元的集体效应,每个单元的个体行为对宏观性质的影响有限,因此如果采用足够数量的单元,则这种赋值存在的随机性对煤体宏观力学行为的影响不大。

图 4-1 为某一工程煤体所涉及区域,其力学非均质性模拟的基本步骤为:(1) 依据工程煤体类别将研究区域分成 4 个区域。(2) 在每一个区域取煤试样进行力学试验。以抗压强度和区域Ⅰ为例,用横坐标表示煤样的抗压强度 s_i,纵坐标表示该物理量的试件数目,构成直方图或频率分布曲线,进而利用数理统计方法确定抗压强度的统计分布规律。(3) 利用确定的统计分布规律和试验数据,通过拟合方法确定统计参数。(4) 对区域Ⅰ划分大量基元(有限元法计算时为单元),利用蒙特-卡洛模拟法生成服从确定统计分布规律的随机数,即抗压强度,并将其赋予各个基元,就完成了对区域Ⅰ的抗压强度赋值。其余 3 个区域或

其他力学参数的赋值方法相同,从而完成对整个研究区域工程煤体力学特性非均质的模拟。

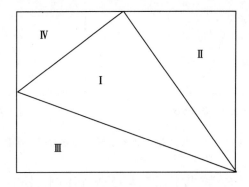

图 4-1 岩块力学非均质性模拟实例

组成煤体的各个单元体的力学参数(如弹性模量和强度),是随机变量,模拟煤力学参数随机分布的一般思路为:首先基于试验获得力学参数的有限数据,并利用统计方法获得其分布规律和统计参数,然后运用蒙特-卡洛模拟技术得到与实际煤具有相同统计规律的煤体单元体力学参数数据,并赋予煤体单元。已有研究表明[4-6]:离散后煤单元体的力学性质近似符合 Weibull 分布。

$$\varphi = \frac{m}{s_0} \left(\frac{s}{s_0} \right)^{m-1} \exp\left[- \left(\frac{s}{s_0} \right)^m \right] \tag{4-4}$$

式中　s——煤体力学参数,如弹性模量或强度参数;

　　　s_0——s 的平均值;

　　　m——用以描述煤岩均质程度的均质度系数,可通过多煤岩试样试验数据统计分析确定,其值增大时单元体的力学参数将集中在一个狭窄的范围内,岩石性质趋于均匀,反之岩石性质趋于非均匀。

Weibull 分布密度函数和积分函数如图 4-2(a)和图 4-2(b)所示。基于 Weibull 分布的煤岩单元体的力学参数赋值过程[155]为:首先利用蒙特-卡洛模拟技术产生一组在(0,1)区间内均匀分布的随机数序列 $\{\gamma_i \leqslant 1 | i=1,2,\cdots,n\}$。对于任何 γ_i,则对应于图 4-2(a)的横坐标 s_i,于是存在一个与 $\{\gamma_i \leqslant 1 | i=1,2,\cdots,n\}$ 相对应的随机数序列 $\{s_i | i=1,2,\cdots,n\}$,由此对应图 4-2(a)横坐标也存在一个随机数序列 $\{s_i | i=1,2,\cdots,n\}$。那么由随机数序列 $\{\gamma_i\}$ 映射一组力学参数序列 $\{s_i\}$,将该力学参数序列逐一赋予煤单元,就完成了煤单元力学参数赋值。

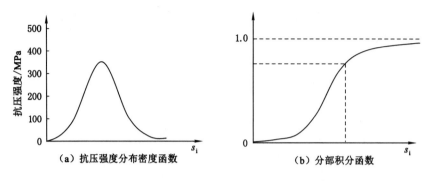

图 4-2　抗压强度分布密度函数和分布积分函数

4.2　煤岩力学参数非均匀性及 Weibull 分布试验验证

已有研究表明:Weibull 分布可以较好地模拟煤岩力学参数的随机分布特征,而对煤的相关研究和验证较少。下面对从阜新王营子矿 161 工作面和五龙矿 323 工作面取的大量煤样进行力学试验。

从王营子矿 161 工作面不同位置取样 386 块,每一块煤制作 2 个标准煤试样,制作了 307 组煤试样(每组 2 个标准煤试样),然后进行力学试验。每组煤试样中,一个试样测试弹性模量和单轴抗压强度,另一个试样测试抗拉强度(采用直接拉伸法测定)。试验中一些试样抗拉强度试验失败,最终获得了 210 组弹性模量、单轴抗压强度和抗拉强度试验数据,所得结果列于表 4-1。

表 4-1　王营子矿煤样力学试验结果

试样编号	弹性模量/MPa	抗拉强度/MPa	抗压强度/MPa
1	2 150	1.03	4.8
2	1 149	0.48	2.4
3	1 460	0.60	2.9
4	1 190	0.37	3.5
5	1 235	0.46	3.4
6	1 952	0.84	4.2
7	1 248	0.50	2.8
8	2 162	1.10	6.3
9	2 588	0.80	7.8
10	2 206	0.91	6.0

表 4-1(续)

试样编号	弹性模量/MPa	抗拉强度/MPa	抗压强度/MPa
11	1 463	0.63	3.0
12	1 435	0.54	2.8
13	3 089	1.34	7.9
14	2 187	1.17	4.0
15	1 887	0.68	3.3
16	1 434	0.58	2.9
17	2 524	0.85	6.7
18	2 514	1.19	5.8
19	2 892	1.01	6.7
20	2 091	0.78	5.7
21	2 079	1.08	4.8
22	1 491	0.71	2.5
23	1 331	0.50	3.4
24	1 496	0.57	2.8
25	1 678	0.64	3.6
26	1 003	0.43	2.0
27	2 076	1.13	4.1
28	1 825	1.04	4.0
29	1 739	0.69	3.2
30	2 665	1.13	5.3
31	2 131	1.05	3.3
32	2 447	1.14	4.9
33	2 440	1.00	4.7
34	1 478	0.61	3.6
35	2 396	0.90	6.9
36	2 230	0.63	6.0
37	2 083	0.87	5.6
38	2 355	0.82	5.9
39	2 364	0.97	5.8
40	1 853	1.08	4.7
41	2 641	1.13	5.2

表 4-1(续)

试样编号	弹性模量/MPa	抗拉强度/MPa	抗压强度/MPa
42	2 005	1.05	5.2
43	2 846	1.01	4.8
44	1 784	0.91	4.4
45	2 735	0.87	5.1
46	2 055	0.84	3.7
47	2 206	0.98	4.4
48	1 731	0.81	2.8
49	1 027	0.43	2.3
50	1 130	0.40	3.0
51	1 130	0.39	2.4
52	2 016	0.77	4.9
53	2 332	0.84	5.3
54	1 473	0.57	4.0
55	2 010	0.73	4.3
56	1 226	0.62	2.9
57	1 216	0.54	4.0
58	1 909	0.85	5.2
59	2 211	0.82	4.0
60	2 082	0.92	5.7
61	1 742	0.78	3.1
62	1 574	0.57	3.5
63	1 078	0.37	2.5
64	2 306	0.70	6.0
65	1 351	0.65	2.7
66	2 356	0.85	5.8
67	2 215	0.95	6.7
68	988	0.42	1.3
69	1 857	0.80	3.2
70	2 220	0.86	6.1
71	1 864	0.77	3.9
72	2 481	1.01	5.5

表 4-1(续)

试样编号	弹性模量/MPa	抗拉强度/MPa	抗压强度/MPa
73	1 416	0.72	3.7
74	1 406	0.49	4.5
75	2 473	1.02	4.0
76	2 422	1.20	4.4
77	1 091	0.49	2.4
78	2 048	0.73	4.5
79	2 111	1.01	4.8
80	2 117	0.53	4.4
81	1 290	0.51	3.5
82	1 180	0.62	2.1
83	1 683	0.77	3.9
84	1 678	0.80	4.4
85	1 836	0.77	4.4
86	1 427	0.57	2.7
87	3 094	1.46	7.0
88	1 686	0.97	3.5
89	2 879	1.18	5.6
90	2 660	1.38	7.5
91	1 826	0.71	3.9
92	1 089	0.43	2.1
93	2 198	1.03	4.1
94	2 268	0.84	5.1
95	1 131	0.55	1.7
96	2 111	0.67	3.1
97	2 261	0.61	5.2
98	1 582	0.66	2.6
99	2 096	0.94	4.3
100	1 725	0.88	4.4
101	1 266	0.55	3.3
102	1 970	0.96	5.7
103	2 309	1.02	4.1

表 4-1(续)

试样编号	弹性模量/MPa	抗拉强度/MPa	抗压强度/MPa
104	1 770	0.83	4.6
105	1 672	0.61	3.9
106	1 862	0.78	5.2
107	1 834	0.71	4.2
108	3 076	1.27	8.0
109	1 483	0.85	4.0
110	1 110	0.37	2.2
111	2 308	0.99	4.6
112	1 309	0.53	2.1
113	1 146	0.51	2.5
114	1 728	0.93	4.1
115	2 774	1.35	5.2
116	1 764	0.68	4.0
117	2 887	0.97	6.0
118	2 622	1.26	5.3
119	2 284	0.83	5.9
120	1 885	0.72	4.9
121	2 031	0.93	5.5
122	2 832	0.93	4.9
123	2 591	1.36	5.6
124	2 814	1.22	7.1
125	2 414	0.99	4.0
126	1 967	0.94	6.0
127	1 778	0.85	4.1
128	1 981	0.81	3.9
129	1 418	0.70	3.8
130	2 895	1.31	6.9
131	2 589	1.29	5.9
132	1 984	0.88	3.8
133	2 730	1.13	3.9
134	1 829	0.98	3.3

表 4-1(续)

试样编号	弹性模量/MPa	抗拉强度/MPa	抗压强度/MPa
135	1 389	0.52	2.7
136	1 806	0.84	4.4
137	1 983	1.10	4.9
138	2 480	0.99	4.6
139	1 703	0.79	4.4
140	1 807	0.81	4.5
141	2 314	0.93	5.0
142	1 992	0.85	3.6
143	2 075	0.97	5.4
144	2 054	1.18	4.4
145	2 309	1.12	4.1
146	1 226	0.50	2.8
147	1 906	0.57	4.7
148	1 776	0.78	2.8
149	1 686	0.75	5.2
150	2 257	0.85	2.8
151	1 041	0.51	1.5
152	1 901	0.86	5.2
153	1 499	0.69	3.5
154	2 791	1.10	5.7
155	2 076	0.79	4.6
156	2 046	0.81	5.2
157	2 146	0.76	3.9
158	2 084	0.82	5.5
159	1 725	0.81	4.3
160	1 208	0.34	2.6
161	1 177	0.37	2.7
162	1 314	0.56	2.5
163	2 159	0.97	4.0
164	2 754	1.01	5.6
165	2 230	1.03	6.0

表 4-1(续)

试样编号	弹性模量/MPa	抗拉强度/MPa	抗压强度/MPa
166	1 453	0.74	3.0
167	1 275	0.60	2.5
168	2 309	0.75	4.1
169	1 090	0.41	1.8
170	2 869	1.07	6.4
171	1 338	0.54	3.6
172	1 131	0.43	3.1
173	2 462	0.92	6.1
174	1 486	0.81	3.1
175	1 619	0.65	3.3
176	2 133	0.89	5.1
177	3 352	1.49	8.9
178	1 845	0.58	4.9
179	1 027	0.36	1.3
180	1 105	0.50	2.4
181	2 831	1.27	5.1
182	2 400	0.84	4.8
183	2 194	1.09	6.6
184	1 503	0.63	2.8
185	2 717	1.18	4.0
186	1 556	0.67	3.6
187	2 492	0.97	5.4
188	1 882	0.58	3.8
189	1 666	0.70	4.3
190	1 555	0.51	3.8
191	2 110	0.88	5.0
192	2 407	1.06	5.0
193	2 814	1.24	6.7
194	1 823	0.64	3.8
195	1 795	0.81	4.1
196	2 758	0.96	6.8
197	1 730	0.76	4.1
198	1 646	0.76	3.1

表 4-1(续)

试样编号	弹性模量/MPa	抗拉强度/MPa	抗压强度/MPa
199	1 685	0.89	3.3
200	1 072	0.31	1.9
201	1 555	0.74	4.1
202	1 863	0.77	4.1
203	1 067	0.45	2.0
204	2 581	1.01	6.5
205	2 250	0.99	4.5
206	1 218	0.50	2.9
207	2 176	0.84	6.3
208	915	0.36	2.4
209	2 148	1.00	4.6
210	1 592	0.73	3.4

从阜新五龙矿 323 工作面不同位置取样 247 块,每一块煤制作 2 个标准煤试样,制作了 134 组煤试样(每组 2 个标准煤试样),然后进行力学试验。每组煤试样中,一个试样测试弹性模量和单轴抗压强度,另一个试样测试抗拉强度(采用直接拉伸法测定)。试验中一些试样抗拉强度试验失败,最终获得了 102 组弹性模量、单轴抗压强度和抗拉强度试验数据,所得结果列于表 4-2。

表 4-2　五龙矿煤样力学试验结果

试样编号	弹性模量/MPa	抗拉强度/MPa	抗压强度/MPa
1	976	0.44	2.68
2	887	0.46	2.84
3	928	0.6	2.68
4	866	0.43	3.07
5	915	0.64	3.13
6	895	0.45	2.90
7	1 205	0.6	3.81
8	1 324	0.58	4.13
9	1 197	0.40	3.66
10	744	0.45	1.72
11	1 525	0.50	3.33
12	993	0.59	3.46

表 4-2(续)

试样编号	弹性模量/MPa	抗拉强度/MPa	抗压强度/MPa
13	851	0.31	3.31
14	804	0.22	2.58
15	907	0.47	3.09
16	1 134	0.28	3.29
17	900	0.46	2.72
18	1 032	0.48	3.89
19	892	0.30	3.23
20	1 056	0.57	1.66
21	930	0.51	3.32
22	978	0.36	2.33
23	724	0.41	2.11
24	779	0.42	2.84
25	1 057	0.56	2.89
26	927	0.39	2.79
27	1 108	0.48	3.12
28	1 118	0.51	3.12
29	1 262	0.53	3.06
30	999	0.41	2.88
31	1 229	0.41	3.23
32	1 117	0.50	2.94
33	844	0.49	2.93
34	1 393	0.50	2.94
35	1 285	0.65	3.63
36	1 135	0.49	2.78
37	1 044	0.5	3.99
38	1 013	0.6	3.84
39	745	0.44	1.68
40	1 372	0.71	3.91
41	948	0.41	2.62
42	1 061	0.63	2.73
43	776	0.32	2.56
44	950	0.48	3.48
45	1 540	0.74	5.09

表 4-2(续)

试样编号	弹性模量/MPa	抗拉强度/MPa	抗压强度/MPa
46	1 129	0.61	3.94
47	1 084	0.46	3.72
48	884	0.44	2.73
49	1 273	0.72	3.58
50	708	0.36	2.15
51	1 030	0.38	3.12
52	1 074	0.51	3.85
53	730	0.59	3.03
54	807	0.56	2.73
55	985	0.54	2.82
56	1 114	0.53	3.33
57	811	0.47	2.66
58	964	0.38	2.94
59	1 061	0.42	3.06
60	1 061	0.49	3.03
61	1 010	0.49	2.97
62	1 162	0.48	2.49
63	924	0.50	3.15
64	1 238	0.43	3.12
65	1 003	0.45	3.36
66	1 113	0.49	3.19
67	1 001	0.48	2.87
68	1 013	0.6	3.84
69	1 209	0.53	2.82
70	1 389	0.35	5.43
71	721	0.26	2.75
72	977	0.29	3.17
73	754	0.34	1.88
74	763	0.49	2.52
75	895	0.43	1.56
76	813	0.37	2.66
77	1 186	0.55	2.33
78	844	0.36	1.57

表 4-2(续)

试样编号	弹性模量/MPa	抗拉强度/MPa	抗压强度/MPa
79	787	0.35	1.53
80	1 436	0.78	2.22
81	790	0.38	2.14
82	1 072	0.54	3.66
83	1 097	0.73	3.32
84	732	0.15	2.16
85	947	0.49	3.34
86	1 083	0.46	2.94
87	959	0.57	2.92
88	873	0.51	2.96
89	1 139	0.55	3.18
90	1 160	0.49	2.92
91	717	0.50	2.93
92	1 109	0.46	2.85
93	1 046	0.48	2.98
94	1001	0.50	3.02
95	893	0.42	3.15
96	969	0.58	2.81
97	906	0.58	3.24
98	833	0.50	3.22
99	1 134	0.28	3.29
100	895	0.45	2.90
101	745	0.44	1.68
102	895	0.44	1.50

通过试验获得了大量煤样力学参数后,就可以利用概率纸法检验煤的力学参数是否服从 Weibull 分布。

运用 MATLAB 软件处理试验取得的大量煤样力学参数,采用概率纸法检验,所获得结果如图 4-3 所示。

由表 4-1 和表 4-2 可知:王营子矿和五龙矿煤的力学参数,如弹性模量、单轴抗压强度、抗拉强度,都呈现一定的随机特征,表明王营子矿和五龙矿的煤都是非

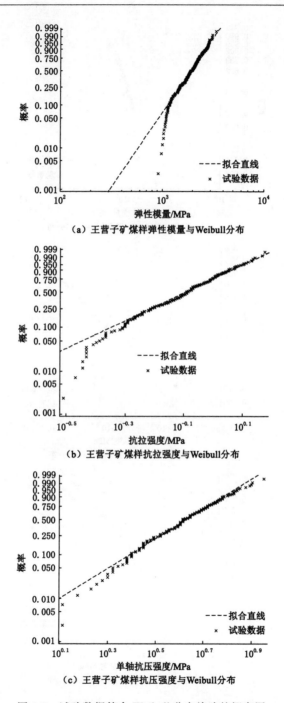

（a）王营子矿煤样弹性模量与Weibull分布

（b）王营子矿煤样抗拉强度与Weibull分布

（c）王营子矿煤样抗压强度与Weibull分布

图 4-3　试验数据符合 Weibull 分布检验的概率图

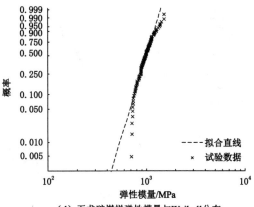

（d）五龙矿煤样弹性模量与Weibull分布

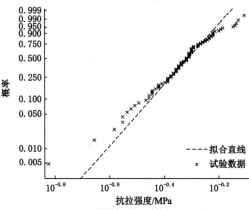

（e）五龙矿煤样抗拉强度与Weibull分布

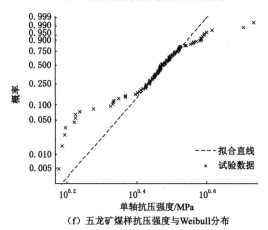

（f）五龙矿煤样抗压强度与Weibull分布

图 4-3（续）

均质材料。由图 4-3 可知:王营子矿和五龙矿的弹性模量、抗拉强度、抗压强度的试验数据在概率图上都近似在一条直线上,特别是王营子矿的弹性模量和单轴抗压强度试验数据,这种特征尤其明显。根据概率图的特点,可以推断这两个矿的煤的力学参数(如弹性模量、抗拉强度、抗压强度)都近似服从 Weibull 分布。因此,在数值模拟中,可以利用 Weibull 分布模拟煤的力学参数非均质特征。

对上述试验数据进行 Weibull 分布拟合分析,得到统计参数,见表 4-3 和表4-4。

表 4-3 王营子矿煤样力学参数 Weibull 分布拟合值

Weibull 参数	弹性模量/MPa	单轴抗压强度/MPa	抗拉强度/MPa
s_0/MPa	2 100	4.7	0.9
m	4.0	4.6	7.1

表 4-4 五龙矿煤样力学参数 Weibull 分布拟合值

Weibull 参数	弹性模量/MPa	单轴抗压强度/MPa	抗拉强度/MPa
s_0/MPa	1 081	3.2	0.52
m	5.5	4.6	4.7

4.3 非均质煤固-气耦合数学模型

下面以上一章建立的煤层瓦斯流动和煤变形耦合作用的固-气耦合模型为基础,结合非均质煤模拟模型,建立非均质煤固-气耦合数学模型。

4.3.1 基本方程

(1)将瓦斯视为理想气体,假设流动过程为等温过程,则瓦斯的状态方程为:

$$\rho = \frac{p}{RT} \tag{4-5}$$

(2)假设瓦斯在煤岩中的渗流符合达西定律,忽略瓦斯重力引起的势,则达西定律写为:

$$q_i = -K_i P \tag{4-6}$$

式中 q_i——瓦斯渗流速度分量;

K_i——煤层瓦斯的透气系数;

P——瓦斯平方压力，$P = p^2$，p 为瓦斯压力。

（3）煤岩内瓦斯含量可近似用抛物线表示：

$$W = A\sqrt{p} \tag{4-7}$$

式中　W——煤体的瓦斯含量，m^3/t；

　　　A——煤层瓦斯含量系数，一般为 $1\sim4$ $m^2/(t \cdot MPa^{1/2})$；

　　　p——煤层瓦斯压力，MPa。

（4）煤岩体为理想弹塑性体，服从莫尔-库仑法则。

（5）煤岩体完全被瓦斯充填。

（6）煤岩的有效应力变化遵循修正的太沙基有效应力规律：

$$\sigma_{ij} = \sigma_{ij}{}' + \alpha p \delta_{ij} \tag{4-8}$$

式中　σ_{ij}，$\sigma_{ij}{}'$，α——煤岩的总应力、有效应力和 biot 数。

（7）瓦斯的透气系数受作用于煤的围压及其破坏情况的影响，利用路易斯公式模拟：

$$K = \begin{cases} K_0 e^{-\beta\sigma_3{}'} & （煤岩处于弹性状态）\\ \xi K_0 e^{-\beta\sigma_3{}'} & （煤岩发生剪切破坏）\\ \xi' K_0 e^{-\beta\sigma_3{}'} & （煤岩发生拉破坏）\end{cases} \tag{4-9}$$

式中　K_0——无应力时的瓦斯透气系数；

　　　ξ,ξ'——剪切破坏透气系数修正系数和拉破坏透气系数修正系数，可通过试验确定。

4.3.2　渗流方程

结合式(4-5)、式(4-6)、式(4-7)及单元瓦斯质量守恒原理，考虑二维情况，瓦斯渗流方程为：

$$\frac{\partial}{\partial x}\left(K_x \frac{\partial P}{\partial x}\right) + \frac{\partial}{\partial y}\left(K_y \frac{\partial P}{\partial y}\right) + \frac{\partial}{\partial z}\left(K_z \frac{\partial P}{\partial z}\right) = S(P)\frac{\partial P}{\partial t} - 2\sqrt{P}\frac{\partial \varepsilon_v}{\partial t} \tag{4-10}$$

式中，$S(P) = \frac{1}{4}AP^{-3/4}$。

式(4-10)中右端的第二项为考虑煤岩骨架变形对渗流影响的耦合项，ε_v 为煤岩骨架的体积应变。

4.3.3　煤弹塑性变形场方程

假设煤岩为连续介质，变形微小，则其应力平衡方程为：

$$\sigma_{ij,j}{}' + f_i - (\alpha p)_{,i} = 0 \tag{4-11}$$

几何方程为：

$$\varepsilon_{ij} = \frac{1}{2}(u_{i,j} + u_{j,i}) \tag{4-12}$$

假设煤岩为理想弹塑性材料,其屈服条件服从莫尔-库仑准则,增量的本构方程为:

$$\mathrm{d}\sigma_{ij}{}' = \boldsymbol{D}_{ijkl}\,\mathrm{d}\varepsilon_{kl} \tag{4-13}$$

式中　$\boldsymbol{D}_{ijkl}$——煤岩弹塑性矩阵张量。

同时假设当拉应力超过煤岩的抗拉强度时,发生拉破坏,并进行应力修正。利用式(4-4)考虑煤岩弹性模量、强度参数的随机分布特征。因此,式(4-5)至式(4-13)构成了考虑煤岩力学特性非均质和破坏对瓦斯渗流影响的耦合计算模型。

4.3.4　煤的弹塑性矩阵

在弹塑性阶段,任意一点的应变增量 $\mathrm{d}\{\varepsilon\}$ 由弹性应变增量 $\mathrm{d}\{\varepsilon_{e}\}$ 和塑性应变增量 $\mathrm{d}\{\varepsilon_{p}\}$ 组成:

$$\mathrm{d}\{\varepsilon\} = \mathrm{d}\{\varepsilon_{e}\} + \mathrm{d}\{\varepsilon_{p}\} \tag{4-14}$$

由流动法则,塑性应变可写为:

$$\mathrm{d}\varepsilon_{p} = \mathrm{d}\lambda\left\{\frac{\partial G}{\partial \sigma}\right\} \tag{4-15}$$

式中　G——塑性势函数。

根据广义胡克定律,式(4-14)可改写成:

$$\mathrm{d}\{\varepsilon\} = [\boldsymbol{D}]^{-1}\mathrm{d}\{\sigma\} + \mathrm{d}\lambda\left\{\frac{\partial G}{\partial \sigma}\right\} \tag{4-16}$$

结合一致性条件,$\mathrm{d}\lambda$ 可写为:

$$\mathrm{d}\lambda = \frac{\left\{\dfrac{\partial F}{\partial \sigma}\right\}^{\mathrm{T}}[\boldsymbol{D}]\{\mathrm{d}\varepsilon\}}{\left\{\dfrac{\partial F}{\partial \sigma}\right\}^{\mathrm{T}}[\boldsymbol{D}]\left\{\dfrac{\partial G}{\partial \sigma}\right\}} \tag{4-17}$$

式中　F——屈服函数,采用莫尔-库仑屈服准则。

将式(4-17)代入式(4-16)可以得到弹塑性矩阵为:

$$[\boldsymbol{D}]_{ep} = [\boldsymbol{D}] - [\boldsymbol{D}]_{p} \tag{4-18}$$

$[\boldsymbol{D}]_{p}$ 可以表示为:

$$[\boldsymbol{D}]_{p} = \frac{[\boldsymbol{D}]\left\{\dfrac{\partial G}{\partial \sigma}\right\}\left\{\dfrac{\partial F}{\partial \sigma}\right\}^{\mathrm{T}}[\boldsymbol{D}]}{\left\{\dfrac{\partial F}{\partial \sigma}\right\}^{\mathrm{T}}[\boldsymbol{D}]\left\{\dfrac{\partial G}{\partial \sigma}\right\}} \tag{4-19}$$

在利用式(4-19)计算弹塑性矩阵时,需要计算 $\left\{\dfrac{\partial F}{\partial \sigma}\right\}$ 和 $\left\{\dfrac{\partial G}{\partial \sigma}\right\}$,下面给出 $\left\{\dfrac{\partial F}{\partial \sigma}\right\}$

和 $\left\langle\dfrac{\partial G}{\partial \sigma}\right\rangle$ 在平面应变条件下的计算公式。

$$\left\langle\frac{\partial F}{\partial \sigma}\right\rangle = \frac{\partial F}{\partial I_1}\left\langle\frac{\partial I_1}{\partial \sigma}\right\rangle + \frac{\partial F}{\partial J_2}\left\langle\frac{\partial J_2}{\partial \sigma}\right\rangle + \frac{\partial F}{\partial \theta}\left\langle\frac{\partial \theta}{\partial \sigma}\right\rangle \tag{4-20}$$

式中，

$$\frac{\partial F}{\partial I_1} = -\frac{\sin\varphi}{3};\ \frac{\partial F}{\partial J_2} = \frac{1}{2\sqrt{J_2}}\left[\sin\left(\theta+\frac{\pi}{3}\right) + \frac{1}{\sqrt{3}}\sin\varphi\cos\left(\theta+\frac{\pi}{3}\right)\right]$$

$$\frac{\partial F}{\partial \theta} = \sqrt{J_2}\cos\left(\theta+\frac{\pi}{3}\right) + \sqrt{\frac{J_2}{3}}\sin\varphi\sin\left(\theta+\frac{\pi}{3}\right)$$

$$\left\langle\frac{\partial I_1}{\partial \sigma}\right\rangle = \langle 1,1,1,0\rangle;\ \left\langle\frac{\partial J_2}{\partial \sigma}\right\rangle = \langle \sigma_x^d,\sigma_y^d,\sigma_z^d,2\tau_{xy}\rangle$$

$$\left\langle\frac{\partial \theta}{\partial \sigma}\right\rangle = -\frac{\sqrt{3}}{2J_2^{3/2}\sin 3\theta}\left(\left\langle\frac{\partial J_3}{\partial \sigma}\right\rangle - \frac{3J_3}{2J_2}\left\langle\frac{\partial J_2}{\partial \sigma}\right\rangle\right)$$

$$\left\langle\frac{\partial J_3}{\partial \sigma}\right\rangle = \left\langle\sigma_y^d\sigma_z^d + \frac{J_2}{3},\sigma_x^d\sigma_z^d + \frac{J_2}{3},\sigma_y^d\sigma_x^d + \frac{J_2}{3}-\tau_{xy}^2,-2\sigma_z^d\tau_{xy}\right\rangle$$

$I_1, J_2, \theta, J_3, \sigma_i^d$ 分别为第一应力不变量、第二偏应力不变量、应力洛德角、第三偏应力不变量和偏应力分量。

G 假定与 F 具有相同的形式，因此 $\left\langle\dfrac{\partial G}{\partial \sigma}\right\rangle$ 的计算公式与 $\left\langle\dfrac{\partial F}{\partial \sigma}\right\rangle$ 的计算公式相同，仅需将求解 $\left\langle\dfrac{\partial F}{\partial \sigma}\right\rangle$ 公式中 φ 换成 ψ，这里不再列出。

4.4 计算实例

根据某矿某煤层气开采试井及王营子矿煤力学参数的统计分析，概化一个数值算例。算例中煤层气抽采深度为 173 m，上覆围岩平均重度为 23 kN/m³，自重应力为 4 MPa，煤层气压力为 1.1 MPa，试井半径为 0.2 m，研究区域取 100 m，四周为狄利克雷边界条件 $p=1.1$ MPa，井边界也取狄利克雷边界条件 $p=0.1$ MPa，初始条件为煤层气压力 $p=1.1$ MPa。其他参数如下：初始透气系数为 21.8 m²/(MPa² · d)；$A=2$ m²/(t · MPa$^{1/2}$)；弹性模量 $E=2\ 100$ MPa，均质度系数 $m=4$；内摩擦角 $\varphi=20.2°$，均质度系数 $m=8$；黏聚力 $c=1.8$ MPa，均质度系数 $m=4.7$；抗拉强度为 0.9 MPa，均质度系数 $m=7.1$；泊松比 $\mu=0.3$；剪切破坏渗透系数修正系数 $\xi=47$；拉破坏透气系数修正系数 $\xi=109$。

数值模拟采用平面应变模型,共划分了 16 694 个三角形单元。将上述参数输入 Coupling Analysis 程序,计算得到的 2 880 d 的瓦斯压力、透气系数演化情况、位移和应力的计算结果分别如图 4-4 至图 4-9 所示。

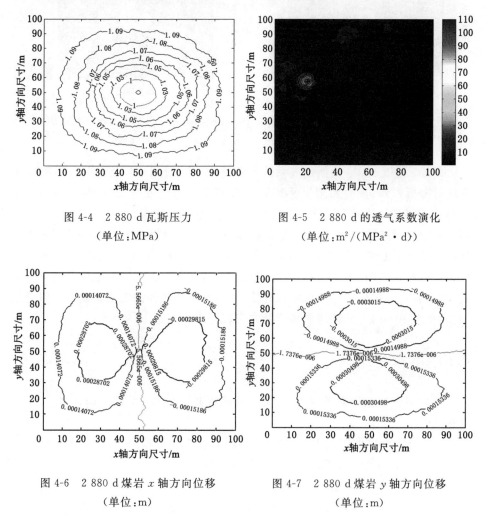

图 4-4 2 880 d 瓦斯压力
（单位：MPa）

图 4-5 2 880 d 的透气系数演化
（单位：m²/(MPa²·d)）

图 4-6 2 880 d 煤岩 x 轴方向位移
（单位：m）

图 4-7 2 880 d 煤岩 y 轴方向位移
（单位：m）

图 4-4 是 2 880 d 的瓦斯压力分布图。由图 4-4 可以看出：由于煤岩力学参数的随机性,瓦斯压力关于井并不完全对称,但瓦斯压力仍环井降压分布,这与实际观测和不考虑煤岩非均匀性的计算结果相符。图 4-6 至图 4-9 分别是煤岩 x 轴方向位移、y 轴方向位移、x 轴方向应力增量和 y 轴方向应力增量分布图,由这些图也可以得到与图 4-4 相同的结论。

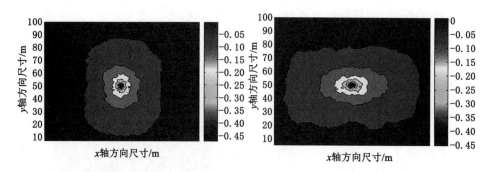

图 4-8　2 880 d 煤岩 x 轴方向应力增量　　图 4-9　2 880 d 煤岩 y 轴方向应力增量
　　　　　（单位：MPa）　　　　　　　　　　　　　　　（单位：MPa）

　　图 4-5 是 2 880 d 瓦斯透气系数的演化规律。由图 4-5 及对单元屈服破坏的统计分析可知：在抽采瓦斯过程中，由于有效应力的变化，非均匀煤岩局部进入塑性（剪切屈服）状态，塑性区单元的透气系数显著增大，单元最大增幅达 4.9倍，弹性受压区的透气系数由于增加的压应力导致裂隙闭合，透气系数较无应力作用的透气系数明显减小，单元最大减小约 78%。结合图 4-4 至图 4 9 及多次模拟计算结果表明：力学参数赋值的随机性对瓦斯压力、应力和位移的整体分布规律影响不大，仅煤岩塑性区的位置发生了变化，从侧面证明如果划分的单元足够多，单个单元的力学性质对煤岩受力宏观性质影响不大。

4.5　本章小结

　　本章通过试验研究了王营子矿、五龙矿的煤的力学参数的非均匀特征，主要结论为：

　　（1）这两个矿的煤的力学参数都非均匀，概率图检验表明：这两个矿煤样力学参数的非均匀特征可以用 Weibull 分布来描述。

　　（2）利用 Weibull 分布模拟煤岩力学性质的非均质性，建立了瓦斯透气系数与煤应力状态和煤岩破坏状态之间的关系，进而建立了煤和瓦斯渗流-应力弹塑性全耦合模型。

　　（3）利用建立的模型分析了一个数值算例，结果表明：瓦斯压力、煤有效应力和煤变形都呈非对称性，但与工程实践经验相符，表明本书建立的模型能很好地模拟煤力学参数的非均匀性。

5　随机裂隙煤表征方法及渗流-应力耦合数学模型

煤不仅是非均质材料,在天然煤体中还孕育了大量的断层、裂隙和节理,这些结构弱面使得煤体呈现严重的非连续特性。如何模拟随机裂隙展布煤体的非连续性是瓦斯抽采数值模拟研究的关键。一些研究从岩体结构和形态的实测资料出发,应用概率及数理统计方法模拟岩体中裂隙的随机展布,但是正确描述煤体内随机分布的裂隙,并将这种描述应用于瓦斯抽采数值模拟的实例尚未见报导。赵阳升等为了模拟裂缝对瓦斯流动的影响,将煤体视为由基质岩块和裂缝组成的双重介质,将基质岩块视为连续弹性介质,利用 Goodman 单元模拟裂缝,建立了块裂介质岩体变形与气体渗流的耦合数学模型,并模拟了单裂隙对瓦斯抽采的影响,这一研究开创了考虑裂隙的煤层瓦斯抽采模拟。本章在其研究基础上考虑天然煤体裂隙几何特征(如走向、倾角、迹长、间距和裂隙宽度)的随机性,利用蒙特-卡洛模拟技术,建立了随机裂隙煤体地质模型,在 MATLAB 平台上开发了二维裂隙网络自动生成系统 RFSS[2D](two dimension random fracture simulation system)。在有限天然煤体裂隙结构信息统计数据基础上,利用该系统不仅能生成与工程岩体具有相同统计分布的裂隙网络,还能自动实现离散化过程,生成相应的有限元网格,从而可以直接利用有限元法解决实际工程问题。在本章数值算例中,首先根据天然煤体裂隙结构信息统计数据生成了天然煤体随机裂隙网络模型,然后将生成的模型导入自行开发的瓦斯抽采模拟计算程序 Coupling Analysis 中,模拟了裂隙煤体瓦斯的渗流过程。

5.1　随机裂隙生成步骤

利用蒙特-卡洛方法对煤岩体裂隙网络进行模拟。其基本思想是:通过裂隙几何结构信息的现场调查和统计分析,确定裂隙几何结构信息的统计特征,然后利用蒙特-卡洛随机模拟技术生成与调查和统计结果具有相同分布特征的随机裂隙,最后进行力学求解和计算。

5.1.1 基本假设

① 迹线由中心点(x_0,y_0)、迹线长度l、自x轴逆时针旋转至迹线的角度θ 3个参数确定。迹线端点为：

$$x = x_0 \pm \frac{l}{2}\cos\theta \qquad (5-1)$$

$$y = y_0 \pm \frac{l}{2}\sin\theta \qquad (5-2)$$

② 在给定的模拟区域内,结构面迹线中心点的分布服从泊松分布,即区内出现的概率是相等的。

③ 直线代表结构面迹线,长度为迹线长度,宽度为裂隙宽度,产状由θ确定。

5.1.2 几种重要的非均质煤岩的分布函数与概率密度函数

(1) 离散型均匀分布

设$\{a_1,a_2,\cdots,a_n\}$是一个有限集,如果x满足：

$$\text{prob}(x=a) = \begin{cases} \dfrac{1}{n} & (a \in \{a_1,a_2,\cdots,a_n\}) \\ 0 & (\text{其他}) \end{cases} \qquad (5-3)$$

(2) 指数分布

如果随机变量β的概率密度函数为

$$p(x) = me^{-m(x-\sigma_0)} \qquad (m>0) \qquad (5-4)$$

则称随机变量服从指数分布$\lambda(m)$,简记为$\beta\sim\lambda(\sigma_0,m)$。$m$称为煤岩的指数分布参数。指数分布的概率密度和分布函数如图5-1和图5-2所示。

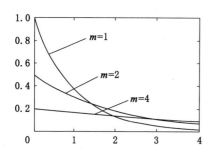

图5-1 指数分布的概率密度函数

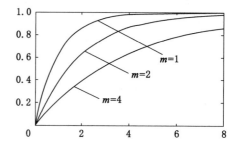

图5-2 指数分布的分布函数

则分布函数为：

$$F(x) = \int_{-\infty}^{\pi} p(t)\,\mathrm{d}t = \int_0^\pi m\mathrm{e}^{-m(x-\sigma_0)}\,\mathrm{d}t = 1 - \mathrm{e}^{-m(x-\sigma_0)} \tag{5-5}$$

（3）正态分布

如果随机变量 β 的概率密度函数为式（5-6），则称随机变量 β 服从正态分布 $\sigma(\sigma_0, m^2)$，简记为 $\beta \sim \sigma(\sigma_0, m^2)$。

$$p(x) = \frac{1}{\sqrt{2\pi}m}\mathrm{e}^{\frac{1}{2m^2}(x-\sigma_0)^2} \quad (-\infty < x < +\infty, m > 0) \tag{5-6}$$

式中，σ_0, m 为煤岩的正态分布参数，为常数。

如果随机变量 β 服从正态分布，β 的分布函数为：

$$F(x) = \int_{-\infty}^{\pi} \frac{1}{\sqrt{2\pi}m}\mathrm{e}^{\frac{1}{2m^2}(x-\sigma_0)^2}\,\mathrm{d}t \tag{5-7}$$

正态分布的概率密度和分布函数如图 5-3 和图 5-4 所示。

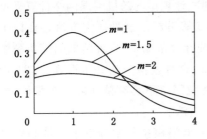

图 5-3　正态分布的概率密度函数

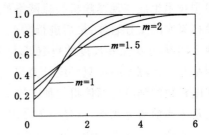

图 5-4　正态分布的分布函数

（4）泊松分布

如果随机变量 β 的概率密度函数为式（5-9），则称随机变量 β 服从泊松分布 $\tau(\sigma_0, m)$，简记为 $\beta \sim \tau(\sigma_0, m)$。

$$p(x) = \frac{m}{\sigma_0}\left(\frac{x}{\sigma_0}\right)^{m-1}\mathrm{e}^{-\left(\frac{x}{\sigma_0}\right)^m} \tag{5-8}$$

式中，σ_0, m 为煤岩的 Weibull 分布参数，为常数。

如果随机变量 β 服从正态分布，则 β 的分布函数为：

$$f(x) = m\beta^{-m}\exp\left[-\left(\frac{x}{\beta}\right)^m\right] \tag{5-9}$$

Weibull 分布函数的概率密度和分布函数如图 5-5 和图 5-6 所示。

5.1.3　模拟步骤

天然煤体内的裂隙分布复杂，但可以利用概率和数理统计方法进行研究、模拟。利用概率方法模拟裂隙随机分布的一般过程为：首先基于大量现场调查获

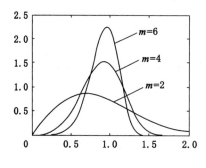

图 5-5　泊松分布的分布函数

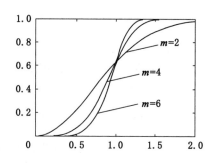

图 5-6　泊松分布的分布函数

得有限但具有代表性的地质测量数据;其次利用统计方法进行分析,获得裂隙几何特征(如走向、倾角、迹长、间距和裂隙宽度)的分布规律;然后利用蒙特-卡洛模拟技术生成与现场随机裂隙网络具有相同统计规律的随机裂隙网络计算模型模拟真实的工程岩体;最后进行数值计算和工程分析。这种研究方法存在以下两个问题:(1)某些尺度的裂隙可能不存在统计分布规律,或者模拟的随机裂隙网络与实际测量裂隙只是统计意义上的一致,这种模拟方法并不严谨。(2)由于随机数的随机性而使得这种方法生成的裂隙网络不具有精确的可重复性,然而基于当前研究水平,这是一条合理、可行的方法。

本章首先在 MATLAB 平台下利用蒙特-卡洛模拟技术开发了二维裂隙网络自动生成系统 RFSS[2D]。利用该系统和天然煤体裂隙统计数据生成含有随机裂隙网络的有限元计算模型[5-8]。

5.2　RFSS[2D] 原理

实际裂隙形状复杂,为了便于模拟,假设裂隙的几何特征为椭圆形,对于平面问题,单条裂隙(即椭圆)的控制参数有:形心(裂隙中心的位置)、迹长(椭圆裂隙长轴长度)、隙宽(椭圆裂隙短轴长度)、倾角。

上述控制参数的统计分布规律可通过工程岩体现场调查得到,已有大量现场调查和统计分析表明[174]:形心服从研究域内的均匀分布;倾角通常服从正态分布或均匀分布;迹长或隙宽服从负指数分布或对数正态分布。而研究区域的裂隙条数依据其密度服从泊松随机过程。

RFSS2D 生成煤体随机裂隙网络遵循如下步骤:

(1)确定工程煤体的研究区域,按规程在其内选取代表性试验点,遵循规定的程序和方法对研究域内裂隙几何特征信息进行现场测量和调查;

　　(2)利用统计方法对得到的裂隙几何特征信息测量数据进行分析,确定各裂隙几何特征信息的概率分析模型,同时利用数据拟合法确定模型参数;

　　(3)基于确定的裂隙几何特征信息概率分析模型,利用蒙特-卡洛模拟法生成与实测裂隙几何特征信息测量数据具有相同统计分布规律的随机裂隙。

　　基于以上分析,在 MATLAB PDE 工具箱前处理模块的基础上,开发了二维裂隙网络自动生成系统 RFSS2D,实现了煤体裂隙网络的自动生成。

5.3　煤体裂隙网络模型离散化方法

　　利用 RFSS^{2D}系统,可以根据地质勘察资料统计结果生成与实际煤体具有相同统计规律随机裂隙展布的虚拟煤体。将生成的随机裂隙展布虚拟煤体转换成有限元模型是 RFSS^{2D}系统应用于工程数值分析计算的重要环节。

　　在含裂隙煤体应力-渗流耦合有限元模型中,一般将裂隙和基质岩块视为两类不同的单元加以处理,而 RFSS^{2D}系统在生成煤体裂隙网络过程中已自动将岩块体和裂隙分成不同区域,因此将 RFSS^{2D}生成的煤体裂隙模型向有限元离散模型转换就是对煤体裂隙模型中的基质岩块区域和裂隙区域分别剖分有限元网格,然后赋予相应的材料特性。这一过程可利用 MATLAB 中的 PDE 工具箱网格剖分函数 pdemesh 自动实现。

　　图 5-7 是利用 RFSS^{2D}生成的煤体尺寸为 8 m×8 m 的单组断续、非填充裂隙。图 5-8 为其对应的有限元网格。

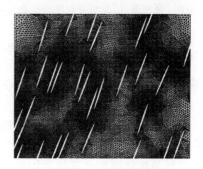

图 5-7　单组断续、非填充裂隙　　　　图 5-8　单组断续、非填充裂隙有限元网格

　　图 5-9 为利用 RFSS^{2D}生成的煤体尺寸为 8 m×8 m 的两组断续、非填充和填充混合裂隙。图 5-10 为其对应的有限元网格。

　　图 5-11 为利用 RFSS^{2D}生成的煤体尺寸为 8 m×8 m 的随机断续、非填充和填充混合裂隙。图 5-12 为其对应的有限元网格。

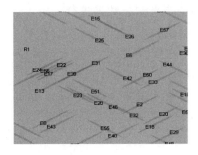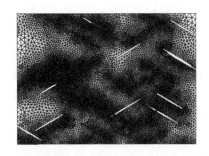

图 5-9　两组断续、非填充和填充混合裂隙　　图 5-10　两组断续、非填充和填充混合裂隙
　　　　　　　　　　　　　　　　　　　　　　　　　　　有限元网格

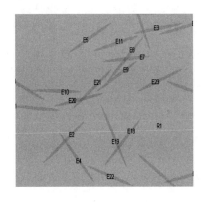

图 5-11　随机断续、非填充和填充混合裂隙　　图 5-12　随机断续、非填充和填充混合裂隙
　　　　　　　　　　　　　　　　　　　　　　　　　　　有限元网格

5.4　考虑随机裂隙展布的渗流-应力耦合数学模型

　　天然煤体是由基质岩块和裂缝组成的,以孔隙和微裂隙为主的基质岩块变形和渗流规律与裂缝的变形和渗流规律有很大不同,尤其是低渗透岩层,更是如此。这里将煤体视为由基质岩块和裂缝组成的双重介质,基质岩块视为拟连续介质和弹塑性材料,裂缝用薄层 Desai 单元模拟,建立了煤体双重介质渗流-应力弹塑性耦合数学模型,模型包括基质煤体块的弹塑性模型和裂隙模型[10]。

5.4.1　基质岩块的连续介质模型

　　煤基质岩块的连续介质模型也假设基质岩块为瓦斯饱和,煤体的变形微小,煤体视为理想弹塑性材料,其屈服条件采用莫尔-库仑准则,基质岩块内的瓦斯视为理想气体,流动过程为等温过程。瓦斯在煤体中的渗流符合达西定律,忽略瓦斯重力势能。

应力变形方程写为:

$$\sigma'_{ij,j} + f_i - (\alpha p)_{,i} = 0 \tag{5-10}$$

$$\varepsilon_{ij} = \frac{1}{2}(u_{i,j} + u_{j,i}) \tag{5-11}$$

$$\mathrm{d}\sigma'_{ij} = D_{ijkl}\,\mathrm{d}\varepsilon_{kl} \tag{5-12}$$

$$\sigma_{ij} = \sigma'_{ij} + \alpha p \delta_{ij} \tag{5-13}$$

式中　$\sigma_{ij}, \sigma_{ij}', \alpha$——煤体的总应力、有效应力和 biot 数;

　　　δ_{ij}——克罗内克常数;

　　　D_{ijkl}——煤体弹塑性矩阵张量;

　　　ε_{ij}——基质岩块的应变张量。

渗流场方程为:

$$\nabla^2 K_i P = S(P)\frac{\partial P}{\partial t} - 2\sqrt{P}\,\frac{\partial \varepsilon_V}{\partial t} \tag{5-14}$$

式中,$S(P) = \frac{1}{4}AP^{-3/4}$;

　　　K_i——i 方向(分别指 x 轴、y 轴、z 轴方向)的透气系数;

　　　ε_V——体积应变;

　　　P——瓦斯平方压力,$P = p^2$。

5.4.2　Desai 裂缝薄层单元模型

裂缝用 1984 年 Desai 提出的薄层单元模拟[175]。

薄层单元的本构关系采用弹性模型,裂缝介质的变形可写为:

$$\begin{bmatrix} \sigma_s \\ \sigma_n \end{bmatrix} = \begin{bmatrix} D_{ss} & 0 \\ 0 & D_{nn} \end{bmatrix} \begin{bmatrix} u_s \\ u_n \end{bmatrix} \tag{5-15}$$

式中　$\sigma_s, \sigma_n, u_s, u_n$——裂缝的切向的和法向应力、变形;

　　　D_{ss}, D_{nn}——切向和法向刚度。

气体沿裂缝的渗流规律,按裂缝主渗透方向,其渗流本构方程为:

$$q_i = K_{f_i}\frac{\partial P}{\partial s_i} \tag{5-16}$$

式中　K_{f_i}——裂缝沿主渗透方向的透气系数,其值与正压力大小有关。

$$K_{f_i} = K_{f_0}e^{-\beta_1 \sigma_n'} \tag{5-17}$$

式中　K_{f0}——无应力时的裂缝透气系数;

　　　β_1——试验常数;

$\sigma_n{}'$——裂缝的有效法向应力。

裂缝中瓦斯含量用下式表示：

$$W_f = A_f \sqrt{p} \tag{5-18}$$

式中　W_f——裂隙的瓦斯含量，m^3/t；

　　　A_f——裂隙瓦斯含量系数，一般为 $0.1 \sim 0.3\ m^2/(t \cdot MPa^{1/2})$；

　　　p——裂隙瓦斯压力，MPa。

于是，裂缝中瓦斯渗流方程为：

$$\frac{\partial}{\partial x}\left(K_{f_i}\frac{\partial P}{\partial x}\right) + \frac{\partial}{\partial y}\left(K_{f_i}\frac{\partial P}{\partial y}\right) + \frac{\partial}{\partial z}\left(K_{f_i}\frac{\partial P}{\partial z}\right) = S_f(P)\frac{\partial P}{\partial t} - 2\sqrt{P}\,\frac{\partial \varepsilon_V}{\partial t} \tag{5-19}$$

式中，$S_f(P) = \frac{1}{4}A_f P^{-3/4}$。

5.4.3　随机裂隙展布的渗流-应力耦合数学模型

式(5-10)至式(5-19)构成了考虑煤体基质岩块和裂隙的变形和渗流的耦合数学方程，再结合渗流场和应力场的初始条件和边界条件就构成了相应的数学模型。基于蒙特-卡洛技术结合裂隙分布的统计分析数据，利用 RFSS[2D] 系统生成研究区域煤体的随机裂隙网络，并利用式(5-1)至式(5-10)求解随机裂隙展布煤体内的瓦斯渗流-煤体变形的耦合，即建立随机裂隙展布渗流-应力耦合数学模型。

基于上述分析，在数值计算程序 Coupling Analysis 中建立了上述模型。

5.5　计算实例

数值算例由辽宁某煤层瓦斯开采试井概化而成。具体为：试井开采深度为 173 m，上覆围岩平均重度为 23 kN/m^3，自重应力为 4 MPa，煤层瓦斯压力为 1.1 MPa，抽采井半径为 0.18 m，研究区域取 20 m。研究区域四周为狄利克雷边界条件，$p=1.1$ MPa；井边界也取狄利克雷边界条件，$p=0.1$ MPa；研究区域四周力学边界为固支。煤层瓦斯初始压力 $p=1.1$ MPa。算例的计算参数取值见表 5-1。

表 5-1　数值算例计算参数表

参数	值
煤体初始透气系数 $K_0/[m^2/(MPa^2 \cdot d)]$	23.8
煤层瓦斯含量系数 $A/[m^2/(t \cdot MPa^{1/2})]$	2
弹性模量 E/MPa	2 100

表 5-1(续)

参数	值
内摩擦角/(°)	30.2
黏聚力/MPa	1.4
抗拉强度/MPa	0.1
泊松比	0.3
剪切破坏透气系数修正系数	47
拉破坏透气系数修正系数	109
裂缝初始透气系数 K_{fo}/[m²/(MPa² · d)]	1 800
薄层单元剪切模量/MPa	0.01
裂缝瓦斯含量系数 A_f/[m²/(t · MPa$^{1/2}$)]	0.12

通过对附近采区煤体的地质调查,确定该试井周围 0.01 m 以上宽度的填充裂隙密度服从泊松分布;裂隙形心在区域内服从均匀分布;迹长服从正态分布,均值为 3 m,标准差为 0.4 m;计算中的模型是以井为中心的轴对称模型,裂隙的走向(以正北方向为 0°)服从正态分布,均值为 20°,标准差为 1°;隙宽服从指数分布,均值为 0.05 m。利用 RFSS^{2D} 系统生成随机裂隙及有限元网格如图 5-13 所示。

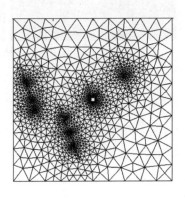

图 5-13 随机裂隙及有限元网格

将建立的有限元模型导入 Couping Analysis,得到瓦斯抽采井的瓦斯压力、应力的变化规律。图 5-14 是 2 880 d 抽采井周围瓦斯压力的分布规律,图 5-15 和图 5-16 是 2 880 d 抽采井周围应力 x 轴方向和 y 轴方向应力增量分布规律。

由图 5-14 可知:无论裂隙与抽采井是否连通,都对瓦斯运移有影响,这是由

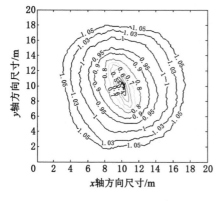

图 5-14 2 880 d 抽采井周围瓦斯压力
分布规律

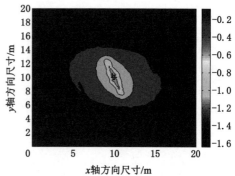

图 5-15 2 880 d 煤体 x 轴方向应力增量
（单位:MPa）

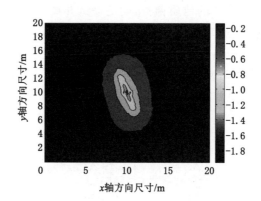

图 5-16 2 880 d 煤体 y 轴方向应力增量(单位:MPa)

于裂缝的存在缩短了基质岩块内瓦斯的渗流路径,有利于瓦斯抽采。与抽采井连通的裂隙对瓦斯运移的影响更大,而与抽采井不连通的裂隙影响相对小得多。因此采用某些技术(如水力割缝等),由于能增大非连通裂缝与抽采井连通的概率,因此有利于瓦斯抽采。

5.6 本章小结

利用蒙特-卡洛模拟技术模拟实际煤体裂隙的随机性,建立了随机展布裂隙煤体模型,并开发了二维随机裂隙煤体生成程序 RFSS[2D]。在煤体实测数据和统计分析基础上,该系统不但能生成与实际煤体具有相同统计分布裂隙网络的虚拟煤体,而且能自动实现有限元网格剖分。

利用本章开发的系统结合瓦斯抽采的双重介质渗流-应力弹塑性耦合计算模型分析了某抽采井瓦斯抽采过程。数值算例研究表明:

(1)基于当前研究水平,采用本章方法模拟煤体随机裂隙展布是一种可行方法。

(2)裂隙对瓦斯抽采有重要影响。与瓦斯抽采井连通的裂隙对瓦斯运移的影响大于与抽采井不连通的裂隙,因此采用某些技术(如水力割缝等),由于能增大非连通裂缝与抽采井连通的概率,有利于瓦斯抽采。

(3)本章建立的双重介质渗流-应力弹塑性耦合计算模型不但能较好地反映裂缝对瓦斯渗流的影响,而且能反映煤体应力变化及破坏对瓦斯渗透性的影响,具有一定的应用价值。

(4)由于裂隙宽度一般较小,在随机裂隙岩体模型向有限元模型转化过程中会生成大量的网格数据,因此计算量大是本章模型的一个缺点,以待进一步研究改进。

6 非均质、随机裂隙展布煤的表征模型及应用

第 4 章以 Weibull 分布为基础,建立了非均质煤的表征模型,并建立了考虑煤的力学非均质的煤瓦斯渗流-应力耦合固气模型。第 5 章以蒙特-卡洛模拟技术为基础,建立了随机裂隙煤的表征方法,并将裂隙视为一种介质,建立了随机裂隙展布煤的渗流-应力耦合固气模型。

实际上,煤是一种地质历史作用的产物,通常情况下由非均质块体和随机裂隙组成。随机裂隙对煤体内的瓦斯流动影响巨大,而非均质煤块体是瓦斯赋存场所。抽采瓦斯时,首先是游离瓦斯沿着煤体内的裂隙渗流至生产井,瓦斯压力降低,煤体的有效应力改变,裂隙的渗透性发生变化,同时非均质煤体内的吸附瓦斯解吸,煤体的有效应力及力学性质改变,煤体可能变形、破裂,并导致其渗流特性发生突变,进而影响瓦斯的流动。因此,煤层内的瓦斯流动过程是以瓦斯为联系纽带的非均质煤体和随机裂隙两种介质相互影响、相互作用的过程。为此,若想取得较好的模拟效果,建立非均质、随机裂隙展布煤的表征模型极为重要。

本章将 4 章和 5 章内容结合起来,建立非均质、随机裂隙展布煤体的表征模型。

6.1 非均质、随机裂隙展布煤体的表征模型

根据第 4 章和第 5 章研究成果,可以提出非均质、随机裂隙展布煤体的表征模型,具体实现过程如下:

(1) 根据工程岩体的物理力学特性对岩体进行分级、分区;

(2) 以分级和分区为基础,利用试验方法研究子区域内岩石块体的力学参数随机特征,并进行统计分析,确定力学参数的统计分布规律;

(3) 以分级和分区为基础,利用调查方法研究子区域内裂隙各几何结构要素(如走向、倾角、隙宽、迹长、密度等)的统计分布规律;

(4) 利用蒙特-卡洛模拟技术和裂隙统计分布调查成果生成子区域的随机裂隙网络,并进行有限元离散化;

(5) 利用子区域岩块力学参数统计分析成果和蒙特-卡洛模拟技术为子区

域岩石块体各单元的力学参数赋值,为工程数值分析做准备。

基于上述模拟步骤,利用 MATLAB 程序设计语言开发了非均匀、随机裂隙展布煤的数值分析模型生成程序 HRFRGM。该程序不仅能生成非均质、随机裂隙展布岩体,还能自动实现有限元网格剖分,与各类有限元软件结合进行工程分析。

6.2 数值算例

将辽宁省某矿煤层瓦斯开采试井概化一个数值算例。该试井开采深度为 173 m,上覆围岩平均重度为 23 kN/m³,自重应力为 4 MPa,煤层瓦斯压力为 1.1 MPa,试井半径为 1.8 m,研究区域取 20 m。四周为狄利克雷边界条件,$p=$ 1.1 MPa;井边界也取狄利克雷边界条件,$p=0.1$ MPa;应力场中四周边界为固接。煤层瓦斯初始压力 $p=1.1$ MPa,初始透气系数为 23.8 m²/(MPa²·d),$A=2$ m²/(t·MPa$^{1/2}$)。在研究区域内取煤岩试样,并进行室内试验,假定弹性模量、内摩擦角和黏聚力均服从 Weibull 分布,对试验数据进行统计和拟合分析确定:弹性模量 $E=2\,100$ MPa,不均匀系数 $m=4$;内摩擦角 $\varphi=30.2°$,不均匀系数 $m=4.1$;黏聚力 $c=1.4$ MPa,不均匀系数 $m=4.0$;抗拉强度为 0.1 MPa,不均匀系数 $m=4.0$;泊松比 $\mu=0.3$;剪切破坏透气系数修正系数 $\xi=47$;拉破坏透气系数修正系数 $\xi=109$;裂缝采用薄层四边形单元,透气系数为 1 800 m²/(MPa²·d),剪切模量取为 0.01 MPa,$A_f=0.12$ m²/(t·MPa$^{1/2}$)。

通过对附近采区煤岩进行地质调查,确定该试井周围 0.01 m 以上宽度的填充裂隙随机展布规律如下:裂隙的密度服从泊松分布;裂隙形心在区域内服从均匀分布;迹长服从正态分布,均值 3 m,标准差为 0.4 m;计算模型以井为中心的轴对称模型,裂隙的走向(以正北为 0°)服从正态分布,均值为 20°,标准差为 1°;隙宽服从指数分布,均值为 0.05 m。利用 RCSCR^{2D} 系统生成随机裂隙,并与实测裂隙进行了对比分析,表明 RCSCR^{2D} 生成的裂隙与实地调查裂隙具有相同统计规律。计算使用的有限元网格、边界条件和初始瓦斯孔压如图 6-1 所示。将建立的有限元模型导入 Couping Analysis,得到瓦斯抽采井的瓦斯压力、应力、位移及透气系数的变化规律。图 6-2 至图 6-4 分别是 5 d、1 440 d 和 2 880 d 抽采井周围瓦斯压力分布,从中可以看出瓦斯压力在开始的时间内迅速降低,之后随着时间的增加其降低速率趋缓,最终进入拟稳态状态。从图中可以看出:无论裂隙与抽采井是否连通,都对瓦斯运移有影响,这是由于裂缝的存在缩短了基质岩块内瓦斯的渗流路径,有利于瓦斯抽采。但是很明显,与抽采井连通的裂隙对瓦斯运移的影响更大,而与抽采井不连通的裂隙对瓦斯运移的影响相对小得多。因此采用一些技术(如水力割缝等),由于能增大非连通裂缝与抽采井连通的概率,因此有利于瓦斯抽采。

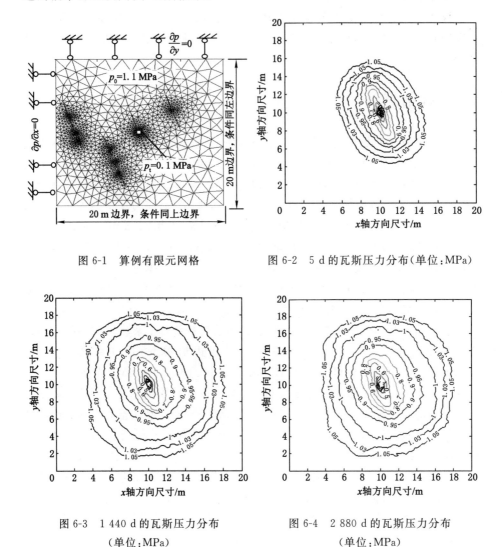

图 6-1 算例有限元网格

图 6-2   5 d 的瓦斯压力分布(单位:MPa)

图 6-3   1 440 d 的瓦斯压力分布
(单位:MPa)

图 6-4   2 880 d 的瓦斯压力分布
(单位:MPa)

图 6-5 至图 6-7 是 2 880 d 煤岩应力 x、y 轴方向总应力和剪切应力的增量,应力的产生是瓦斯抽采引起的应力重分布引起的。图 6-8 和图 6-9 是煤岩的位移情况。从图 6-2 至图 6-9 还可以看出:由于煤弹性模量和强度的非均质性和裂隙网络的影响,抽采井周围的瓦斯压力、应力和位移都不是关于井完全对称。

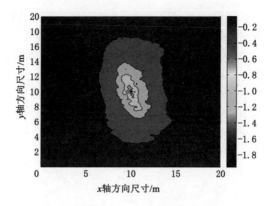

图 6-5　2 880 d 煤岩 x 轴方向应力增量(单位:MPa)

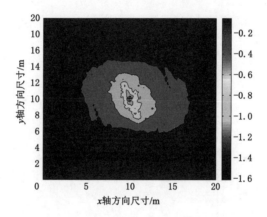

图 6-6　2 880 d 煤岩 x 轴方向应力增量(单位:MPa)

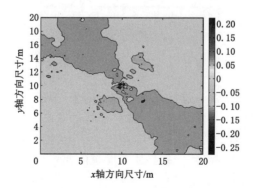

图 6-7　2 880 d 煤岩的剪切应力(单位:MPa)

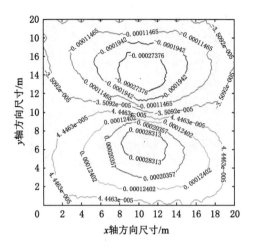

图 6-8　2 880 d 煤岩的 x 轴方向位移（单位：m）

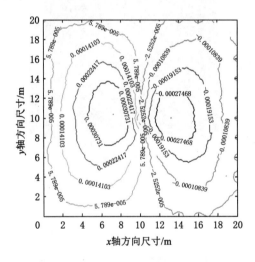

图 6-9　2 880 d 煤岩的 y 轴方向位移（单位：m）

　　图 6-10 是 2 880 d 煤岩透气系数的演化结果。可以看出：在裂缝区透气系数大，而在非裂缝区，由于煤岩强度和弹性模量的非均质，在局部区域煤岩发生了破坏，导致这些区域的透气系数也急剧增大，并进而影响煤岩的瓦斯压力、应力和位移分布，可见本书方法能较好地考虑煤的非均质力学特性和随机裂隙展布特性。

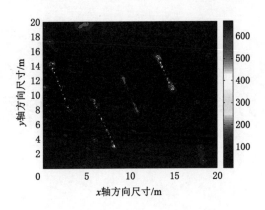

图 6-10　2 880 d 煤岩的透气系数

6.3　本章小结

本章基于蒙特-卡洛模拟技术,建立了非均质、随机裂隙展布岩体模拟模型,开发了相应的程序 HRFRGM,利用该程序可以生成工程岩体的数值计算模型;将 HRFRGM 与 Coupling Analysis 结合,建立了非均质、随机裂隙展布岩体的渗流-应力耦合计算模型;数值算例表明本章模型为非均质、随机裂隙展布岩体工程分析和设计提供了新思路。

7 考虑力学参数相关性的非均质煤力学参数赋值方法

7.1 概述

第4章利用 Weibull 分布模拟煤岩力学性质的非均匀性,建立了瓦斯透气系数与煤岩应力状态和煤岩破坏状态之间的关系,进而建立了煤岩和瓦斯渗流应力弹塑性全耦合模型。数值算例结果表明瓦斯压力、煤岩有效应力和煤岩变形都呈现非对称性,但与工程实践经验相符,表明建立的模型能很好地模拟煤岩力学参数的非均匀性。

然而采用上述模型在模拟过程中也存在一些局限性:

(1) 模拟中通常假设每一单元的力学参数之间(如弹性模量和单轴抗压强度)彼此相互独立,互不关联,在单元力学参数赋值过程中,单元的各个参数都采用随机方法赋值。这种方法赋值随意性太大,有时不是很合理,如一个单元可能弹性模量很大,而单轴抗压强度很低,这与试验结果不符。尽管已有研究[176-178]指出:岩石的宏观力学行为本质上是大量单元的集体效应,每个单元的个体行为对宏观性质的影响有限,如采用足够数量的单元,则这种赋值存在的随机性对煤岩宏观力学行为的影响不大,但是足够数量的单元的具体数量要求,尚不确定。另外,划分大量单元也极大增加了计算量和计算难度。因此,从提高计算效率和计算精度角度,建立考虑单元力学参数间关联性的力学参数赋值方法具有重要意义。

(2) 模拟中将煤视为理想弹塑性体。然而大量研究表明:煤通常是一种应变软化材料,煤的应变软化行为与煤的围压水平密切相关,因此,在模拟煤的力学行为时应考虑与围压相关的煤的应变软化行为。

考虑到以上模型的局限性,本章研究建立考虑力学参数关联的非均质煤的随机概率模型。具体思路是:对阜新五龙矿 323 工作面大量煤样力学参数试验数据进行统计分析,揭示非均质煤力学参数之间的关联规律,并建立相应的概率描述模型。最后通过数值模拟方法研究力学参数关联对非均质煤破坏过程的影响。

7.2　试验研究

7.2.1　试样及其基本力学性质

　　试验的设备及具体步骤参见第 3 章。煤样取自阜新五龙矿 323 工作面,取煤样共 247 块,每一块煤制作 2 个标准煤试样,制作了 134 组煤试样(每组 2 个标准煤试样),然后进行力学试验。每组煤试样中,一个试样用于测试弹性模量和单轴抗压强度,另一个试样用于测试抗拉强度(采用直接拉伸法测定)。试验中一些试样抗拉强度试验失败,最后获得了 102 组弹性模量,单轴抗压强度和抗拉强度试验数据列于表 4-2。在第 4 章中对煤样的力学参数统计分布规律进行了初步研究,表明非均质煤力学参数近似服从 Weiubll 分布,下面对表 4-2 中的试验数据开展进一步研究。

7.2.2　试验结果及分析

7.2.2.1　力学参数的统计分布规律

　　在已有研究中一般假设岩石力学参数符合 Weibull 分布,也有一些研究假定力学参数服从正态分布或对数正态分布,其中 Weibull 分布的密度函数为:

$$f(x) = m\beta^{-m}\exp\left[-\left(\frac{x}{\beta}\right)^m\right] \tag{7-1}$$

正态分布为:

$$f(x) = \frac{1}{\sqrt{2\pi}\sigma}\exp\left[\frac{-(x-\mu)^2}{2\sigma^2}\right] \tag{7-2}$$

对数正态分布为:

$$f(x) = \frac{1}{\sqrt{2\pi}\xi x}\exp\left(-\frac{\ln x - \eta}{2\xi^2}\right) \tag{7-3}$$

式中,$\beta,m,\mu,\sigma,\eta,\xi$ 分别为统计参数,由试验数据通过统计分析确定。

　　下面采用概率图法[179-183]检验试验成果是否服从这 3 种分布,并对这三种分布的效果进行评价。

　　利用概率图法处理表 4-2 中的数据,得到结果如图 7-1 所示。

　　由图 7-1 可知:弹性模量、抗拉强度、抗压强度的试验数据近似服从 Weibull 分布、正态分布或对数正态分布。对于弹性模量,对数正态分布和 Weibull 分布能更准确地描述其分布规律。对于抗拉强度,Weibull 分布能更准确地描述其分布规律。对于抗压强度,正态分布和 Weibull 分布能更好地描述其分布规律,

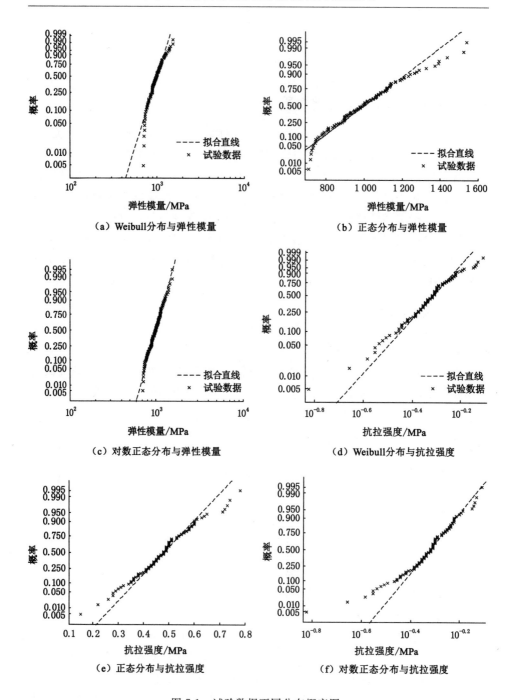

（a）Weibull分布与弹性模量

（b）正态分布与弹性模量

（c）对数正态分布与弹性模量

（d）Weibull分布与抗拉强度

（e）正态分布与抗拉强度

（f）对数正态分布与抗拉强度

图 7-1　试验数据不同分布概率图

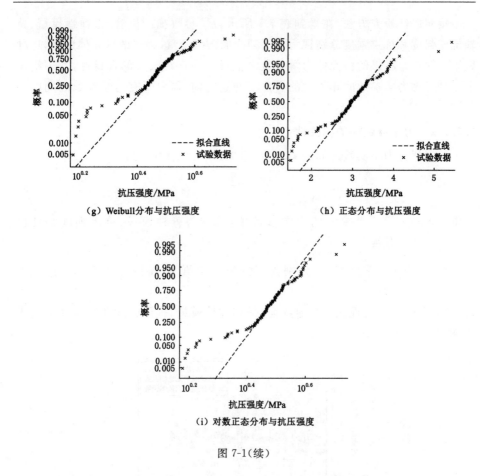

（g）Weibull分布与抗压强度　　　　　　（h）正态分布与抗压强度

（i）对数正态分布与抗压强度

图 7-1（续）

对数正态分布次之。总体来看，煤的力学参数的随机特征采用 Weibull 分布模拟效果稍好，当然也可以采用对数正态分布和正态分布。利用 3 种分布对试验数据进行拟合，获得其统计参数见表 7-1。同时，Weibull 分布函数本身统计参数物理意义明确，如 β 近似为数据的均值，m 刻画了数据的不均匀程度，因此使用 Weibull 分布具有一定的优势。

表 7-1　试验数据拟合的统计参数

弹性模量/MPa						抗拉强度/MPa						抗压强度/MPa					
Weibull 分布		正态 分布		对数正态 分布		Weibull 分布		正态 分布		对数正态 分布		Weibull 分布		正态 分布		对数正态 分布	
β	m	μ	σ	η	ξ	β	m	μ	σ	η	ξ	β	m	μ	σ	η	ξ
1 081	5.5	1 003	185.7	6.9	0.18	0.52	4.7	0.48	0.11	−0.77	0.26	3.2	4.6	2.97	0.67	1.06	0.24

按照以往研究方法,在得到表 7-1 所示力学参数统计值后,将弹性模量、单轴抗压强度和抗拉强度分别视为相互独立的随机变量,为煤的微元体赋值,这种做法的缺点是在煤的微元体力学参数赋值过程中存在较大的盲目性,本书给出了一种考虑力学参数间相关性的方法。在这之前,需要研究力学参数之间的相关性。

7.2.2.2 力学参数间的相关性

为了研究力学参数之间的关联性,定义如下无量纲因数:

$$\overline{\zeta_i} = \frac{S_i}{\overline{S}} \tag{7-4}$$

式中　S_i——第 i 个单元的力学参数值,分别为弹性模量、抗压强度和抗拉强度;

　　$\overline{S}$——力学参数均值,分别为弹性模量均值、抗压强度均值和抗拉强度均值。

利用式(7-4)处理表 4-2 中数据,得到弹性模量、抗压强度和抗拉强度的无量纲因数对比,如图 7-2 所示。

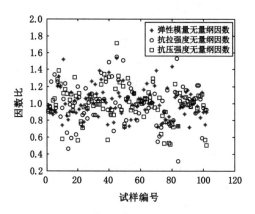

图 7-2　力学参数无量纲因数对比图

由图 7-2 可知:弹性模量、单轴抗压强度和抗拉强度之间具有正相关性,即弹性模量无量纲因数增大,抗拉强度和抗压强度的无量纲因数也增大。从图7-2还可以看出:弹性模量因数、单轴抗压强度因数和抗拉强度因数之间不是简单的线性比例关系。为了描述这三者之间的关系,以弹性模量为基准,定义单轴抗压强度因数(抗拉强度因数)与弹性模量因数之比为压弹因数比(拉弹因数比),其表达式分别为:

$$R_{i\text{压弹}} = \frac{\zeta_{i\text{抗压}}}{\zeta_{i\text{弹模}}} \tag{7-5}$$

$$R_{i\text{拉弹}} = \frac{\zeta_{i\text{抗拉}}}{\zeta_{i\text{弹模}}} \tag{7-6}$$

利用式(7-5)和式(7-6)计算压弹因数比和拉弹因数比,并将其绘于图7-3。由图7-3可知拉弹因数比和压弹因数比近似服从 Weibull 分布。

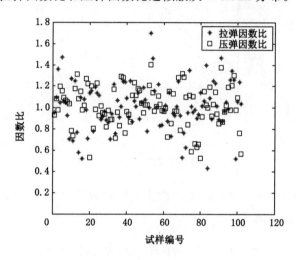

图 7-3　拉弹因数比和压弹因数比

为了检验压弹因数比和拉弹因数比是否符合 Weibull 分布,采用概率纸法进行检验,所得到的 Weibull 分布概率图如图 7-4 和图 7-5 所示。

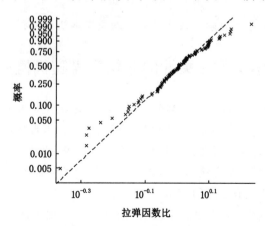

图 7-4　拉弹因数比 Weibull 分布概率图

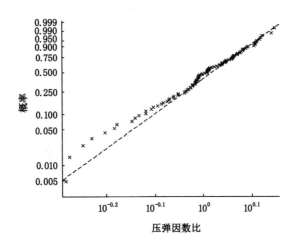

图 7-5　压弹因数比 Weibull 概率图

由图 7-4 和图 7-5 可知：拉弹因数比和压弹因数比都近似服从 Weibull 分布，拟合统计参数见表 7-2。

表 7-2　拉弹因数比和压弹因数比拟合结果

参数	拉弹因数比	压弹因数比
β	1.01	1.09
m	4.95	6.3

下面探讨建立考虑力学参数相关的非均质煤随机概率模型。

7.3　考虑力学参数相关性的非均质煤随机概率模型

由以上分析可知：煤的力学参数弹性模量、单轴抗压强度和抗拉强度之间具有相关性，以弹性模量为基准，这种相关性可以用拉弹因数比和压弹因数比来表达。统计分析表明：压弹因数比和拉弹因数比符合 Weibull 分布，因此可以以弹性模量为基准，采用概率方法建立考虑力学参数相关性的非均质煤单轴抗压强度和抗拉强度的随机概率赋值模型。

下面介绍如何利用试验数据和统计分析结果，实现考虑力学参数相关性的非均质煤随机概率模型参数赋值：

（1）确定研究区域，通过试验测得研究区域内多煤样的弹性模量和单轴抗压强度,计算弹性模量均值 $\bar{E}$ 和单轴抗压强度均值 $\bar{\sigma}$。

(2) 对弹性模量进行统计分析,确定其分布规律和统计参数。

(3) 计算弹性模量和单轴抗压强度的无量纲因数。

(4) 计算压弹因数比,统计分析,确定压弹因数比 Weibull 分布参数 β 和 m。

(5) 将研究区域划分单元,依据得到的弹性模量统计分布规律和统计参数,利用随机模拟技术为单元弹性模量赋值。

(6) 对于某一单元,按如下方法完成单轴抗压强度赋值:

① 利用式(7-4)计算弹性模量无量纲因数 $\zeta_{i弹模}$;

② 利用步骤(4)中确定的压弹因数比 Weibull 分布参数 β 和 m,生成参数为 β 和 m 的 Weibull 随机数 R_i,并将其作为该单元的压弹因数比;

③ 利用式(7-4)计算该单元的单轴抗压强度无量纲因数 $\zeta_{i抗压}$;

④ 由式(7-5)可得到该单元的单轴抗压强度 $\sigma_i = \bar{\sigma} \cdot \zeta_{i抗压}$,从而完成该单元的单轴抗压强度赋值。

(7) 重复上述步骤,完成对区域内所有单元的参数赋值;

(8) 其他参数赋值也遵循同样的赋值过程。

基于上述步骤在 MATLAB 平台下开发了考虑参数相关性的非均质煤储层模拟程序 SSHC(simulation system of heterogeneous coal)。

7.4　数值算例

7.4.1　数值算例 1

天然煤是一种非均质地质体,可以看作由大量微元体(单元)组成,然而就目前研究水平而言,通过试验方法研究细观单元体的变形和强度特性尚极为困难,因此试图通过试验逐一测定煤细观单元体强度和变形参数,再与本书数值模拟方法得到的细观单元体强度和变形参数对比,以验证本书模型正确性是不现实的。

这里的验证利用煤样宏观力学试验数据(表 3-2)进行,具体步骤为:

(1) 假设表 4-2 中的弹性模量试验数据已知。

(2) 按本书模型,考虑力学参数相关性,利用表 7-1 中的拟合参数生成单轴抗压强度和抗拉强度。

(3) 不考虑参数相关性,利用表 7-3 中的拟合参数随机生成单轴抗压强度和抗拉强度。

表 7-3　抗压强度模拟结果的统计分析

模拟次数	模拟值与试验值相关系数	
	考虑参数相关性	不考虑参数相关性
第 1 次	0.389 8	−0.036 9
第 2 次	0.436 9	−0.036 8
第 3 次	0.360 2	0.150 6
第 4 次	0.434 4	0.033 0

（4）对比两种模拟方法的结果与试验数据的拟合程度。

根据上述方案进行数值模拟,得到的结果见图 7-6(抗压强度,第 1 次模拟)和图 7-7(抗拉强度,第 1 次模拟)。对试验数据与模拟数据之间的吻合程度采用相关系数进行统计分析,得到的结果见表 7-2 和表 7-3。由于采用的是随机模拟,每次模拟结果并不完全相同,为了避免随机模拟造成的总体规律不确定,进行了多次模拟。由图 7-6、图 7-7、表 7-3 和表 7-4 可见:总体上本书提出的考虑参数相关性的参数方法所获得的参数值与试验值的吻合程度远大于不考虑参数相关性的赋值方法,表明本方法能一定程度上降低随机赋值的盲目性,是一种有价值的参数赋值方法。

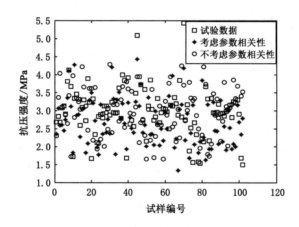

图 7-6　抗压强度模拟数据和试验数据对比

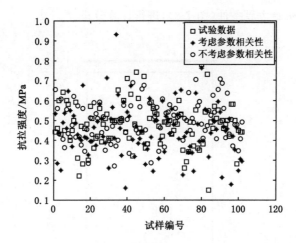

图 7-7　抗拉强度模拟数据和试验数据对比

表 7-4　抗拉强度模拟结果的统计分析

模拟次数	模拟值与试验值相关系数	
	考虑参数相关性	不考虑参数相关性
第 1 次	0.296 8	0.006 5
第 2 次	0.281 1	−0.092 5
第 3 次	0.308 3	0.071 1
第 4 次	0.242 6	0.152 2

7.4.2　数值算例 2

将 SSHC 与数值计算程序结合,就可以建立考虑力学参数相关性的非均质煤数值分析模型,并进行计算分析。本书将 SSHC 与 ITASCA 公司开发的FLAC 软件结合,实现非均质煤的力学行为分析,具体过程为:

（1）根据需要在 FLAC 中划分计算单元;

（2）根据大量煤样的力学试验数据,确定考虑力学参数相关性的非均质煤随机概率模型赋值所需的力学和统计参数;

（3）利用 SSHC 为每一个计算单元生成对应的力学参数(弹性模量、抗拉强度、内摩擦角),并写至"计算参数.dat"文件内;

（4）在 FLAC 中编写 Fish 函数,读入"计算参数.dat"文件内的数据,并为每一个计算单元赋值;

（5）施加初始边界条件（图 7-8），进行计算分析。

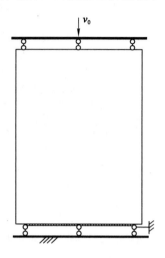

图 7-8　数值算例煤样的边界条件

基于上述步骤，在 FLAC 中利用 Fish 函数予以实现，并进行了数值算例分析。

本数值算例研究的是平面应变条件下煤的单轴压缩。模拟的煤的尺寸为 0.4 m×0.2 m，试样两个端面是光滑的，在试样的上端面施加常速度 $v_0=3.0e^{-7}$ m/时间步，计算在小应变模式下进行。将试样划分为若干个正方形单元，单元边长为 0.004 m，本构模型采用内嵌的莫尔本构模型，计算总时间步为 6 000 步。

算例参数由本书试验成果分析获得。本书采用两个计算方案：第一个方案为采用本书的考虑参数相关性的赋值方法生成虚拟煤样，第二个方案为不考虑参数关联生成虚拟煤样。

第一个方案中计算使用的参数是：弹性模量的均值为 1 081 MPa，不均匀系数 $m=5.5$；抗拉强度均值为 0.52 MPa，拉弹因数比的均值为 1.01，不均匀系数 $m=4.95$；黏聚力均值为 0.92 MPa，黏聚力与弹性模量因数比为 1.09，不均匀系数 m 为 6.30；内摩擦角为 30°，单轴抗压强度为 3.1 MPa，剪胀角为 0°，泊松比为 0.2。

第二个方案中使用的参数是：弹性模量的均值为 1 081 MPa，不均匀系数 $m=5.5$；抗拉强度的均值为 0.52 MPa，不均匀系数为 4.7；内摩擦角为 30°，剪胀角为 0°，单轴抗压强度为 3.1 MPa，泊松比为 0.2；黏聚力的均值为 0.92 MPa，不均匀系数 m 为 4.6。

按照上述计算方案生成数值模型，然后进行计算，图 7-9 为 2 种方案得到的应力-应变关系曲线。由图 7-9 可以看出：方案一中的极限抗压强度（3.04 MPa）

比方案二中的极限抗压强度(2.89 MPa)略大,不超过3%,同时方案一更接近给定的单轴抗压强度均值,可以认为这两种方法得到的宏观应力-应变关系曲线近似一致,方案一结果略好。

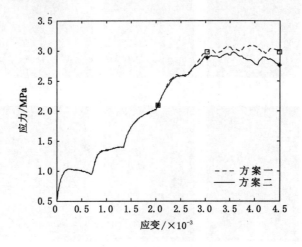

图 7-9 宏观应力-轴向应变关系曲线

图 7-10 给出了方案一和方案二的破坏过程。图 7-11 给出了方案一和方案二的剪切应变增量等值线图。从图中可以看出:当时间步较少时,煤样内部部分单元发生了破坏,这些破坏单元分布较随机。随着时间步的增加,一些缺陷开始沿轴向长大,随后沿轴向长大的缺陷越来越多,几乎所有的缺陷都有机会沿轴向长大。然而长大的缺陷并未在轴向无限度增长。当缺陷长大到一定程度时,相邻的平行缺陷(雁列)可能存在显著的相互影响和作用,致使部分长大的缺陷在倾斜方向上聚集,初步形成倾斜、断续、狭窄的剪切破裂带(剪切带,见 4 050 步图形)。

当倾斜的剪切带初步形成之后,煤样沿剪切带方向的错动越来越明显,致使剪切带方向上的其他未发生破坏的单元都发生了剪切破坏。因此,剪切带看起来更连续、平直、宽阔(见 6 000 步图形)。参考文献[16],两种模拟方案都获得了较为合理的结果,表明本书模拟方法有效。

对比图中方案一和方案二的破坏过程和剪切应变增量等值线图可以发现:方案一获得的剪切带是较对称的两条,相比较而言,方案二的两条剪切带的对称性略差。同时由图 7-11 可以看出:方案二的破坏单元多于方案一,根据这些特征和以往试验经验,认为方案一的模拟效果更好。

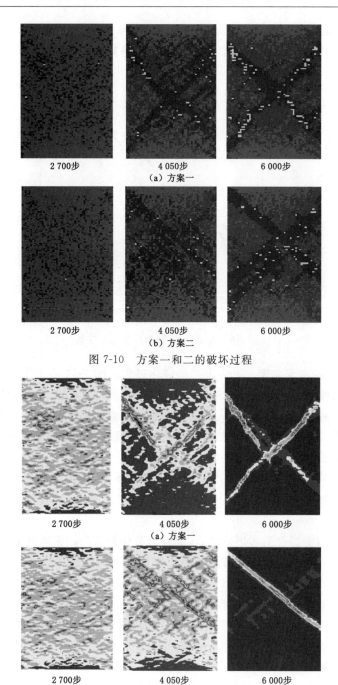

2 700步　　　　　　4 050步　　　　　　6 000步

（a）方案一

2 700步　　　　　　4 050步　　　　　　6 000步

（b）方案二

图 7-10　方案一和二的破坏过程

2 700步　　　　　　4 050步　　　　　　6 000步

（a）方案一

2 700步　　　　　　4 050步　　　　　　6 000步

（b）方案二

图 7-11　方案一和方案二的剪切应变增量等值线图

7.4.3 数值算例3

算例为 6 m×10 m 的一个矩形区域。以弹性模量和单轴抗压强度为例,利用 SSHC 按表 7-4 所示工况模拟煤的非均质情况,结果如图 7-12 至图 7-23 所示。

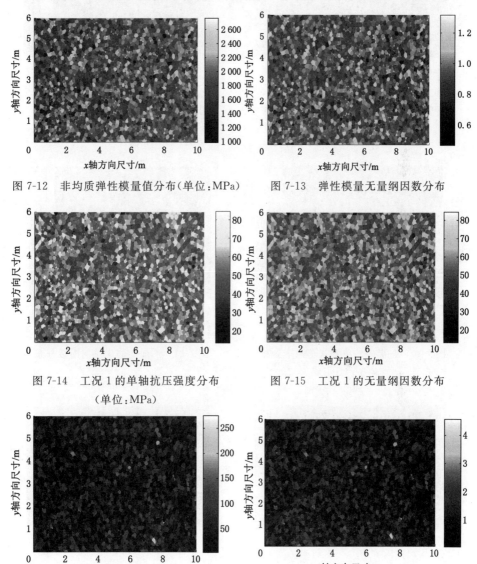

图 7-12 非均质弹性模量值分布(单位:MPa)   图 7-13 弹性模量无量纲因数分布

图 7-14 工况 1 的单轴抗压强度分布   图 7-15 工况 1 的无量纲因数分布
　　　　　(单位:MPa)

图 7-16 工况 2 的单轴抗压强度分布   图 7-17 工况 2 单轴抗压强度无量纲因数分布
　　　　　(单位:MPa)

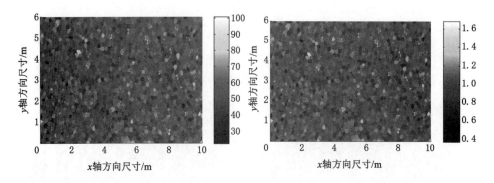

图 7-18　工况 3 的单轴抗压强度分布　　　图 7-19　工况 3 的无量纲因数分布
（单位：MPa）

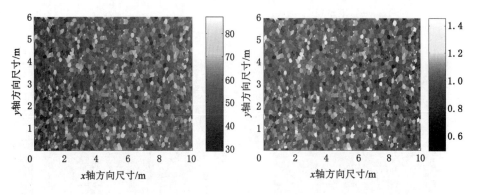

图 7-20　工况 4 的单轴抗压强度分布　　　图 7-21　工况 4 的无量纲因数分布
（单位：MPa）

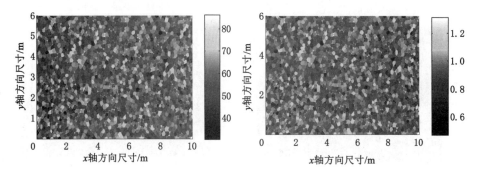

图 7-22　工况 5 的单轴抗压强度分布　　　图 7-23　工况 5 的无量纲因素分布
（单位：MPa）

图 7-12 和图 7-13 是利用 Weibull 分布赋值得到的单元弹性模量分布及对应的无量纲因数图。图 7-14 和图 7-15 是假设弹性模量和单轴抗压强度相互独立(工况 1),利用 Weibull 分布模拟得到的单元单轴抗压强度和对应的无量纲因数图。对比图 7-13 和图 7-15,可见当将弹性模量和单轴抗压强度视为相互独立的变量时,经常出现单元弹性模量高,而单轴抗压强度很低的现象。图 7-16 至图 7-21 是利用本书方法考虑弹性模量与单轴抗压强度的相关性得到的单轴抗压强度和对应的无量纲因数图。图 7-22 和图 7-23 是利用冯增朝法[164],认为单轴抗压强度与弹性模量呈线性比例关系得到的单元单轴抗压强度和对应的无量纲因数分布图。由图 7-16 至图 7-21 可以看出:利用本书方法可以模拟单元单轴抗压强度与弹性模量的相关性,相关性程度量化衡量指标是统计参数 β 和 m,其中,m 描述了单轴抗压强度与弹性模量之间关系的随机程度,当 m 较小时,弹性模量与单轴抗压强度之间的随机性强,随着 m 的增大,弹性模量与单轴抗压强度之间越来越呈现为线性比例关系。当 $m=20$ 时,利用本书方法赋值得到的单轴抗压强度分布(图 7-20 和图 7-21)与冯增朝法(图 7-22 和图 7-23)的赋值结果相近。

表 7-5　模拟算例工况及参数

工况	工况细节
1	不考虑关联性,非均质系数取为 4
2	本书方法考虑关联性,$\beta=1.09, m=1$
3	本书方法考虑关联性,$\beta=1.09, m=6.3$
4	本书方法考虑关联性,$\beta=1.09, m=20$
5	冯增朝法考虑关联性

单元类型:三角形单元,单元数为 12 480,节点数为 6 676,弹性模量服从 Weibull 分布,均值 $E=2\ 100\ \text{MPa}$,非均质系数 $m=4$,单轴抗压强度均值为 60 MPa。

由以上分析可知:在试验和统计分析基础上,利用本书方法就能建立考虑弹性模量和单轴抗压强度之间相关性的非均值煤储层模型。其他力学参数的赋值都可遵循同样原理进行建模。

7.5　本章小结

本章从煤样试验数据的统计分析入手,在分析了力学参数(以弹性模量、抗拉强度和抗压强度为例)统计分布规律和关联规律的基础上,建立了考虑单元力

学参数关联性的非均质煤随机概率赋值模型,进行了 3 个数值算例研究,主要得到如下结论:

(1) 利用本书模型(考虑力学参数相关性的非均质煤随机概率模型)得到的模拟数据更接近于实测数据,本书模型合理。

(2) 分别利用本书模型和不考虑力学参数相关性的赋值模型得到了煤样宏观应力-轴向应变关系曲线,结果表明两者相差不多,但前者得到的单轴抗压强度与给定值更接近一些,这表明本书模型更合理一些。

(3) 分别利用本书模型和不考虑力学参数相关性的赋值模型再现了非均质煤样内破裂萌生、发展、汇集及宏观裂纹形成的全过程,结果表明利用本书模型能更好地模拟非均质煤的非线性破坏过程。

(4) 由于煤结构的复杂性,利用本书模型也不能达到对真实煤的"精确"模拟,这可以由表 7-3 和表 7-4 的试验数据与模拟数据的相关系数(约 0.3)看出。然而相比于以往研究,本书方法考虑了力学参数的相关性,从而在模拟过程中减少了赋值的盲目性,使得模拟结果更好。

(5) 在以后的研究中,将进一步加强对本书模型合理性的验证,如引入白光数字散斑方法(DSCM)观测煤样变形局部化行为,并与数值结果进行对比,进一步验证本书方法的合理性。

8　结论、创新点及展望

8.1　结论

本书通过气渗流试验研究瓦斯在煤体内的渗流规律，建立了煤的变形和瓦斯流动的耦合模型；利用 Weibull 分布模拟煤的非均质力学参数，建立了考虑煤的非均质力学特性的煤渗流-应力耦合模型；研究了煤体内随机裂隙的模拟方法，利用蒙特-卡洛模拟技术建立了随机裂隙煤储层模拟系统 RFSS[2D]，利用 RFSS[2D]生成与真实煤储层统计相似的虚拟煤储层，并自动转变为有限元网格；基于概率统计方法建立了非均质、随机裂隙煤储层的概率表征模型，并开发了相应的模拟系统 DVCGS，将其应用到煤层瓦斯抽采模拟中，取得了较好的效果。主要结论如下：

（1）通过引入 Z. Fang 的强度退化指数，建立了考虑围压影响的煤岩应变软化模型。通过引入扩容指数，建立了考虑围压影响的煤岩剪胀扩容模型，为在煤层瓦斯抽采中考虑煤的剪胀扩容行为及影响提供了一种方法。

（2）煤的气渗透试验结果表明：在煤的渗透率计算方面，赵阳升公式考虑了围压、孔压及围压-孔压耦合的影响，因此总体上精度较高。克林肯贝格公式能较好地拟合克林肯贝格效应显著的风干煤样的试验数据，因此，对于克林肯贝格效应明显的煤可采用赵阳升公式或克林肯贝格公式计算煤的渗透率，克林肯贝格公式由于拟合精度较高，参数少，已具有大量试验成果，应优先采用。对于克林肯贝格效应不明显的煤，应优先采用路易斯公式或仵彦卿公式。两者相比较而言，路易斯公式拟合精度高、参数少，因此建议在工程中优先采用。

（3）煤样力学试验数据的统计分析表明：煤的非均质力学特性可以利用 Weibull 分布模拟，建立的非均质煤渗流-应力耦合模型能较好地考虑煤的非均质对煤层瓦斯抽采的影响。

（4）本书开发的随机裂隙煤体虚拟生成程序能生成与真实裂隙煤体统计相似的虚拟裂隙系统，可以用于模拟煤体内的随机裂隙分布对瓦斯抽采的影响。

（5）本书提出的非均质、随机裂隙煤体数字化表征模型能较好地模拟煤块的非均质力学特性和煤体内随机裂隙展布。将开发的系统 DVCGS 应用到煤层瓦斯抽采数值模拟中,取得了较好的效果。

（6）本书通过试验研究了非均质煤力学参数的相关性,提出了拉弹因数比和压弹因数比等概念,建立了考虑力学参数相关性的非均质煤随机概率模型,为煤和岩石等材料力学特性非均质模拟提供了新的思路。

8.2　创新点

本书在如下几个方面具有创新性或鲜明的特点:

（1）通过气渗流试验,研究了赵阳升公式、仵彦卿公式、路易斯公式和克林肯贝格公式计算煤体渗透率的效果,提出了煤体中渗透率计算公式的选取规则。

（2）建立了非均质、随机裂隙煤体数字化表征模型,开发了相应的虚拟生成系统。

（3）建立了非均质、随机裂隙煤体渗流-应力耦合模型,开发了相应的数值计算程序。

（4）试验研究了煤力学参数之间的相关性,建立了考虑力学参数相关性的非均质煤随机概率模型。

8.3　展望

尽管本书取得了一定成果,但仍存在许多问题需要进一步探讨和展开研究:

① 本书通过试验研究,引入了拉弹因数比、压弹因数比,建立了考虑力学参数相关性的非均质煤随机概率模型,数值分析表明该模型具有一定的先进性。然而,本研究的不足之处是试验数据仅测定了弹性模量、抗拉强度和抗压强度 3 个力学参数,对内摩擦角、黏聚力等其他常用参数没有进行测量和分析,可见需要在试验研究方面进一步拓展。另外,本书仅研究了建立的模型破坏形态与其他模型的异同,关于本书模型对煤体剪胀等力学行为的研究尚未进行,因此在理论研究上需要进一步拓展。

② 本书引入已有研究成果,建立了考虑围压影响的非均质煤应变软化模型和剪胀扩容模型,未对煤体开展相关的试验研究,仅进行了数值模拟,因此有必要在下一步研究中加强试验研究。

③ 由于受实际条件限制,本书没有对煤体内随机裂隙展布规律开展地质调查,仅根据已有研究成果建立了随机裂隙煤体模型,这是不完善的。在下一步研

究中拟开展煤体内随机裂隙展布规律的调查,进一步完善和丰富本书模型。

④ 煤层瓦斯抽采是固、液、气三相耦合过程,本书为了方便分析,所有模型均采用了固-气耦合模型,这与实际情况不符,将本研究成果进一步发展到固、液、气三相耦合分析中是本书拟继续开展的一个工作方向。

参 考 文 献

［1］ 袁亮. 低透高瓦斯煤层群安全开采关键技术研究［J］. 岩石力学与工程学报，
2008，27（7）：1370-1379.

［2］ ZHU W C，LIU J，YANG T H，et al. Effects of local rock heterogeneities
on the hydromechanics of fractured rocks using a digital-image-based tech-
nique［J］. International journal of rock mechanics and mining sciences，
2006，43（8）：1182-1199.

［3］ ZHANG H B，LIU J S，ELSWORTH D. How sorption-induced matrix
deformation affects gas flow in coal seams：a new FE model［J］. Interna-
tional journal of rock mechanics and mining sciences，2008，45（8）：
1226-1236.

［4］ SUN P D. Numerical simulations for coupled rock deformation and gas leak
flow in parallel coal seams［J］. Geotechnical and geological engineering，
2004，22（1）：1-17.

［5］ GRAY I. Reservoir engineering in coal seams：part 1-the physical process of
gas storage and movement in coal seams［J］. SPE reservoir engineering，
1987，2（1）：28-34.

［6］ 赵阳升，胡耀青，赵宝虎，等. 块裂介质岩体变形与气体渗流的耦合数学模型
及其应用［J］. 煤炭学报，2003，28（1）：41-45.

［7］ 张春会. 非均匀、随机裂隙展布岩体渗流应力耦合模型［J］. 煤炭学报，2009，
34（11）：1460-1464.

［8］ YUAN S C，HARRISON J P. A review of the state of the art in modelling
progressive mechanical breakdown and associated fluid flow in intact heter-
ogeneous rocks［J］. International journal of rock mechanics and mining
sciences，2006，43（7）：1001-1022.

［10］ BRIGHI B，CHIPOT M，GUT E. Finite differences on triangular grids
［J］. Numerical methods for partial differential equations，1998，14（5）：
567-579.

[11] SELMIN V. The node-centred finite volume approach: bridge between finite differences and finite elements[J]. Computer methods in applied mechanics and engineering,1993,102(1):107-138.

[12] FALLAH N A,BAILEY C,CROSS M,et al. Comparison of finite element and finite volume methods application in geometrically nonlinear stress analysis[J]. Applied mathematical modelling,2000,24(7):439-455.

[13] BAILEY C,CROSS M. A finite volume procedure to solve elastic solid mechanics problems in three dimensions on an unstructured mesh[J]. International journal for numerical methods in engineering,1995,38(10): 1757-1776.

[14] ITSAC Consulting Group, Ltd. FLAC manuals[M].[S. l:s. n.], 1993.

[15] FRYER Y D,BAILEY C,CROSS M,et al. A control volume procedure for solving the elastic stress-strain equations on an unstructured mesh [J]. Applied mathematical modelling,1991,15(11-12):639-645.

[16] WILKINS M L. Calculation of elasto-plastic flow [R]. Berkeley: Lawrence Radiation Laboratory,1963.

[17] TAYLOR G A, BAILEY C, CROSS M. Solution of the elastic/visco-plastic constitutive equations:a finite volume approach[J]. Applied mathematical modelling,1995,19(12):746-760.

[18] MARMO B A,WILSON C J L. A verification procedure for the use of FLAC to study glacial dynamics and the implementation of an anisotropic flow law[M]//FLAC and Numerical Modeling in Geomechanics. Minneapolis:Itasca Consulting Groip INC. ,2001:183-190.

[19] MISHEV I D. Finite volume methods on Voronoi meshes[J]. Numericalmethods for partial differential equations,1998,14(2):193-212.

[20] CAILLABET Y,FABRIE P,LANDEREAU P,et al. Implementation of a finite-volume method for the determination of effective parameters in fissured porous media [J]. Numericalmethods for partial differential equations,2000,16(2):237-263.

[21] FANG Z. A local degradation approach to the numerical analysis of brittle fracture in heterogeneous rocks[D]. London:University of London,2001.

[22] MARTINO S, PRESTININZI A, SCARASCIA MUGNOZZA G. Mechanisms of deep seated gravitational deformations: parameters from laboratory testing for analogical and numerical modeling[M]//Rock mechan-

ics-a challenge for society. Minneapolis:Itasca Consulting Groip INC. ,
2001:137-142.

[23] KOURDEY A, ALHEIB M, PIGUET J P. Evaluation of the slope
stability by numerical methods[M]//Rock mechanics-a challenge for
society. Minneapolis:Itasca Consulting Groip INC. ,2001:499-504.

[24] 李银平,杨春和.裂纹几何特征对压剪复合断裂的影响分析[J].岩石力学
与工程学报,2006,25(3):462-466.

[25] 朱维申,陈卫忠,申晋.雁形裂纹扩展的模型试验及断裂力学机制研究[J].
固体力学学报,1998,19(4):355-360.

[26] 王宏图,李晓红,杨春和,等.准各向同性裂隙岩体中有效动弹性参数与弹
性波速关系的研究[J].岩土力学,2005,26(6):873-876.

[27] 朱珍德,胡定.裂隙水压力对岩体强度的影响[J].岩土力学,2000,21(1):
64-67.

[28] 孔园波,华安增.裂隙岩石破裂机理研究[J].煤炭学报,1995,20(1):
72-76.

[29] SIMPSON G,GUÉGUEN Y,SCHNEIDER F. Permeability enhancement
due to microcrack dilatancy in the damage regime[J]. Journal of geophysical
research:solid earth,2001,106(B3):3999-4016.

[30] OFOEGBU G I,CURRAN J H. Deformability of intact rock[J]. Interna-
tional journal of rock mechanics and mining sciences & geomechanics
abstracts,1992,29(4):239.

[31] KRAJCINOVIC D,FONSEKA G U. The continuous damage theory of
brittle materials,part 1:general theory[J]. Journal of applied mechanics,
1981,48(4):809-815.

[32] KRAJCINOVIC D,LEMAITRE J. Continuum damage mechanics theory
and application[M]. Vienna:Springer Vienna,1987.

[33] COSTIN L S. Damage mechanics in the post-failure regime[J]. Mechanics
of materials,1985,4(2):149-160.

[34] COSTIN L S. Time-dependent deformation and failure[M]//Fracture
Mechanics of Rock. Amsterdam:Elsevier,1987:167-215.

[35] BASISTA M,GROSS D. The sliding crack model of brittle deformation:
an internal variable approach[J]. Internationaljournal of solids and
structures,1998,35(5-6):487-509.

[36] CHARLEZ P H. Rock mechanics, vol. 2:theoretical fundamentals[M].

Paris:Editions Technip,1997.

[37] JEAN L. How to use damage mechanics[J]. Nuclear engineering and design,1984,80(2):233-245.

[38] GAMBAROTTA L,LAGOMARSINO S. A microcrack damage model for brittle materials[J]. International journal of solids and structures,1993, 30(2):177-198.

[39] 李树春,许江,陶云奇,等. 岩石低周疲劳损伤模型与损伤变量表达方法 [J]. 岩土力学,2009,30(6):1611-1614.

[40] 孙星亮,汪稔,胡明鉴.冻土弹塑性各向异性损伤模型及其损伤分析[J].岩 石力学与工程学报,2005,24(19):3517-3521.

[41] DRAGON A,MRÓZ Z. A continuum model for plastic-brittle behaviour of rock and concrete[J]. International journal of engineering science, 1979,17(2):121-137.

[42] FRANTZISKONIS G,DESAI C S. Constitutive model with strain softening [J]. International journal of solids and structures,1987,23(6):733-750.

[43] VALANIS K C. On the uniqueness of solution of the initial value problem in softening materials[J]. Journal of applied mechanics, 1985, 52(3): 649-653.

[44] DA YU TZOU,CHEN E P. Mesocrack damage induced by a macrocrack in heterogeneous materials[J]. Engineering fracture mechanics,1991,39 (2):347-358.

[45] HALM D,DRAGON A. An anisotropic model of damage and frictional sliding for brittle materials[J]. European journal of mechanics - a/solids, 1998,17(3):439-460.

[46] PENSÉE V, KONDO D, DORMIEUX L. Micromechanical analysis of anisotropic damage in brittle materials [J]. Journal of engineering mechanics,2002,128(8):889-897.

[47] NEMAT-NASSER S,OBATA M. A microcrack model of dilatancy in brittle materials[J].Journal of applied mechanics,1988,55(1):24-35.

[48] SHAO J F, RUDNICKI J W. A microcrack-based continuous damage model for brittle geomaterials[J]. Mechanics of materials,2000,32(10): 607-619.

[49] SOULEY M,HOMAND F,PEPA S,et al. Damage-induced permeability changes in granite:a case example at the URL in Canada[J]. International

journal of rock mechanics and mining sciences,2001,38(2):297-310.

[50] TANG C A,THAM L G,LEE P K K,et al. Coupled analysis of flow, stress and damage (FSD) in rock failure[J]. International journal of rock mechanics and mining sciences,2002,39(4):477-489.

[51] SHAO J F,ZHOU H,CHAU K T. Coupling between anisotropic damage and permeability variation in brittle rocks[J]. International journal for numerical and analytical methods in geomechanics, 2005, 29 (12): 1231-1247.

[52] 杨天鸿,徐涛,刘建新,等. 应力-损伤-渗流耦合模型及在深部煤层瓦斯卸压实践中的应用[J]. 岩石力学与工程学报,2005,24(16):2900-2905.

[53] SCHOLZ C H. Microfracturing and the inelastic deformation of rock in compression[J]. Journal of geophysical research,1968,73(4):1417-1432.

[54] HUDSON J A, FAIRHURST C. Tensile strength, Weibull' s theory and a general statistical approach to rock failure [C]//The Proceedings of the Civil Enginecring Materials Conference. Southampton: [s. n.],1969.

[55] WEIBULL W. A statistical distribution function of wide applicability[J]. Journal of applied mechanics,1951,18(3):293-297.

[56] TANG C A,LIU H,LEE P K K,et al. Numerical studies of the influence of microstructure on rock failure in uniaxial compression-Part I:effect of heterogeneity[J]. International journal of rock mechanics and mining sciences,2000,37(4):555-569.

[57] 张明,李仲奎,苏霞. 准脆性材料弹性损伤分析中的概率体元建模[J]. 岩石力学与工程学报,2005,24(23):4282-4288.

[58] 梁正召,唐春安,张永彬,等. 准脆性材料的物理力学参数随机概率模型及破坏力学行为特征[J]. 岩石力学与工程学报,2008,27(4):718-727.

[59] FANG Z,HARRISON J P. Development of a local degradation approach to the modelling of brittle fracture in heterogeneous rocks[J]. International journal of rock mechanics and mining sciences, 2002, 39 (4): 443-457.

[60] FANG Z,HARRISON J P. A mechanical degradation index for rock[J]. International journal of rock mechanics and mining sciences,2001,38(8): 1193-1199.

[61] FANG Z,HARRISON J P. Numerical analysis of progressive fracture and

associated behaviour of mine Pillars by use of a local degradation model [J]. Mining technology, 2002, 111(1):59-72.

[62] FANG Z, HARRISON J P. Application of a local degradation model to the analysis of brittle fracture of laboratory scale rock specimens under triaxial conditions[J]. International journal of rock mechanics and mining sciences, 2002, 39(4):459-476.

[63] POTYONDY D O, CUNDALL P A. A bonded-particle model for rock[J]. International journal of rock mechanics and mining sciences, 2004, 41(8): 1329-1364.

[64] HAZZARD J F, YOUNG R P, MAXWELL S C. Micromechanical modeling of cracking and failure in brittle rocks[J]. Journal of geophysical research: solid earth, 2000, 105(B7):16683-16697.

[65] ANTONELLINI M A, POLLARD D D. Distinct element modeling of deformation bands in sandstone[J]. Journal of structural geology, 1995, 17(8):1165-1182.

[66] HAZZARD J F, COLLINS D S, PETTITT W S, et al. Simulation of unstable fault slip in granite using a bonded-particle model[J]. Pure andapplied geophysics, 2002, 159(1/2/3):221-245.

[67] HAZZARD J F, YOUNG R P. Simulating acoustic emissions in bonded-particle models of rock[J]. International journal of rock mechanics and mining sciences, 2000, 37(5):867-872.

[68] COOK B K, LEE M Y, DIGIOVANNI A A, et al. Discrete element modeling applied to laboratory simulation of near-wellbore mechanics[J]. International journal of geomechanics, 2004, 4(1):19-27.

[69] 王泳嘉, 刘连峰. 三维离散单元法软件系统 TRUDEC 的研制[J]. 岩石力学与工程学报, 1996, 15(3):201-210.

[70] 王泳嘉, 邢纪波. 离散单元法同拉格朗日元法及其在岩土力学中的应用[J]. 岩土力学, 1995, 16(2):1-14.

[71] SEEBURGER D A, NUR A. A pore space model for rock permeability and bulk modulus[J]. Journal of geophysical research: solid earth, 1984, 89(B1):527-536.

[72] DAVID C. Geometry of flow paths for fluid transport in rocks[J]. Journal of Geophysical research: solid earth, 1993, 98(b7):12267-12278.

[73] BERNABÉ Y, BRUDERER C. Effect of the variance of pore size distribu-

tion on the transport properties of heterogeneous networks[J]. Journal of geophysical research:solid earth,1998,103(b1):513-525.

[74] HAZLETT R D. Statistical characterization and stochastic modeling of pore networks in relation to fluid flow[J]. Mathematicalgeology,1997,29 (6):801-822.

[75] LONG J C S,REMER J S,WILSON C R,et al. Porous media equivalents for networks of discontinuous fractures[J]. Waterresources research, 1982,18(3):645-658.

[76] LONG J C S,GILMOUR P,WITHERSPOON P A. A model for steady fluid flow in random three-dimensional networks of disc-shaped fractures [J]. Water resources research,1985,21(8):1105-1115.

[77] ROBINSON P C. Connectivity,flowand transport in network models of fractured media[D]. Oxford:Oxford University, 1984.

[78] ANDERSSON J, SHAPIRO A M, BEAR J. A stochastic model of a fractured rock conditioned by measured information[J]. Water resources research,1984,20(1):79-88.

[79] ENDO H K. Mechanical transport in two-dimensional networks of fractures[D] Berkeley:University of California,1984.

[80] ENDO H K,LONG J C S,WILSON C R,et al. A model for investigating mechanical transport in fracture networks[J]. Waterresources research, 1984,20(10):1390-1400.

[81] SMITH L,SCHWARTZ F W. An analysis of the influence of fracture geometry on mass transport in fractured media [J]. Waterresources research,1984,20(9):1241-1252.

[82] ELSWORTH D. A model to evaluate the transient hydraulic response of three-dimensional sparsely fractured rock masses [J]. Waterresources research,1986,22(13):1809-1819.

[83] ELSWORTH D. A hybrid boundary element-finite element analysis procedure for fluid flow simulation in fractured rock masses[J]. International journal for numerical and analytical methods in geomechanics, 1986,10(6): 569-584.

[84] DERSHOWITZ W S, EINSTEIN H H. Three-dimensional flow modellin in jointed rock masses[R]//Proceedings of the Sixth Congress on ISRM. Montreal:[s. n.],1987:87-92.

[85] ANDERSSON J,DVERSTORP B. Conditional simulations of fluid flow in three-dimensional networks of discrete fractures [J]. Waterresources research,1987,23(10):1876-1886.

[86] YU Q, TANAKA M, OHNISHI Y. An inverse method for the mode of water flow in discrete fracture network[C]//Proceedings of the 34th Janan National Conference on Geotechnical Engineer. Tokyo:[s. n.],1999.

[87] ZIMMERMAN R W, BODVARSSON G S. Effective transmissivity of two-dimensional fracture networks [J]. International journal of rock mechanics and mining sciences & geomechanics abstracts,1996,33(4): 433-438.

[88] BEAR J, TSANG C F, GHISLAIN DE MARSILY. Flowand contamina transport in fractured rock[M]. San Diego:Academic Press,1993.

[89] SAHIMI M. Flowand transport in porous media and fracture rock[M]. Weinheim:VCH Verlagsgesellschaft mbH,1995.

[90] NATIONAL RESEARCH COUNCIL. Rock fractures and fluid flow[M]. Washington,D. C. :National Academies Press,1996.

[91] ADLER P M, THOVERT J F. Fractures and fracture networks[M]. Dordrecht:Kluwer Academic Publishers,1999.

[92] LOUIS C. Rock Hydraulics in Rock Mechanics[M]. New York:Verlay Wien,1974.

[93] WILSON C R,WITHERSPOON P A. An investigation of laminar flow in fractured porous rocks[J]. Journal of University of California,Berkeley, 1970,5:106-113.

[94] MAINI Y N T,NOORISHAD J,SHARP J. Theoretical and field considerations in the determination of the in-situ hydraulic parameters in fractured rock [C]//Proc. Symposium on Percolation Through Fissured Rock. Stuttgart:[s. n.],1972.

[95] DERSHOWITZ W S,LEE G,GEIER J,et al. User documentation: Fracman discrete feature data analysis,geo-metric modelling and exploration simulations[M]. Seattle:Golder Associates,1993.

[96] STRATFORD R G,HERBERT A W,JACKSON C P. A parameter study of the influence of aperture variation on fracture flowand the consequences in a fracture network[C]//Rock joints. Rotterdam: Balkema, 1990(5):413-22.

[97] HERBERT A W. NAPSAC（Release 3. 0）summary document[M]. Harwell：AEA Technology,1994.

[98] HERBERT A W. Modelling approaches for discrete fracture network flow analysis [M]//Coupled Thermo-Hydro-Mechanical Processes of Fractured Media - Mathematical and Experimental Studies. Amsterdam：Elsevier,1996：213-229.

[99] WILCOCK P. The NAPSAC fracture network code[M]//Coupled thermo-hydro-mechanical processes of fractured media. Rotterdam：Elsevier,1996：529-538.

[100] 陈剑平.岩体随机不连续面三维网络数值模拟技术[J].岩土工程学报,2001,23(4)：397-402.

[101] 宋晓晨,徐卫亚.裂隙岩体渗流模拟的三维离散裂隙网络数值模型(Ⅰ)：裂隙网络的随机生成[J].岩石力学与工程学报,2004,23(12)：2015-2020.

[102] 朱焕春,BRUMMER RICHARD,ANDRIEUX PATRICK.节理岩体数值计算方法及其应用(一)：方法与讨论[J].岩石力学与工程学报,2004,23(20)：3444-3449.

[103] MAULDON M. Estimating mean fracture trace length and density from observations in convex windows[J]. Rock mechanics and rock engineering,1998,31(4)：201-216.

[104] MAULDON M,DUNNE W M,ROHRBAUGH M B Jr. Circular scan-lines and circular windows：new tools for characterizing the geometry of fracture traces[J]. Journal of structural geology,2001,23(2-3)：247-258.

[105] LONG J C S. Investigation of equivalent porous medium permeability in networks of discontinuous fractures[D]. Berkeley：University of California, Berkeley,1983.

[106] AMADEI B,ILLANGASEKARE T. Analytical solutions for steady and transient flow in non-homogeneous and anisotropic rock joints[J]. International journal of rock mechanics and mining sciences & geomechanics abstracts,1992,29(6)：561-572.

[107] ROBINSON P C. Flowmodelling in three dimensional fracture networks [R]. Harwell：UK AEA,1986.

[108] PRUESS K,WANG J S Y. Numerical modeling of isothermal and nonisothermal flow in unsaturated fractured rock：A review[M]//Flow

and Transport through Unsaturated Fractured Rock. Washington, D. C. :American Geophysical Union,2013:19-32.

[109] SLOUGH K J,SUDICKY E A,FORSYTH P A. Numerical simulation of multiphase flow and phase partitioning in discretely fractured geologic media[J]. Journal of contaminant hydrology,1999,40(2):107-136.

[110] HUGHES R G,BLUNT M J. Network modeling of multiphase flow in fractures[J]. Advances inwater resources,2001,24(3-4):409-421.

[111] 孙可明,潘一山,梁冰. 流固耦合作用下深部煤层气井群开采数值模拟[J]. 岩石力学与工程学报,2007,26(5):994-1001.

[112] LAYTON G W, KINGDON R D, HERBERT A W. The application of a three-dimensional fracture network model to a hot-dry-rock reservoir [M]//Rock mechanics. Rotterdam:Balkema,1992(5): 561-70.

[113] EZZEDINE S, DE MARSILY G. Study of transient flow in hard fractured rocks with a discrete fracture network model[J]. International journal of rock mechanics and mining sciences & geomechanics abstracts,1993,30(7):1605-1609.

[114] WATANABE K, TAKAHASHI H. Parametric study of the energy extraction from hot dry rock based on fractal fracture network model [J]. Geothermics,1995,24(2):223-236.

[115] KOLDITZ O. Modelling flow and heat transfer in fractured rocks: conceptual model of a 3-D deterministic fracture network[J]. Geothermics, 1995,24(3):451-470.

[116] WILLIS-RICHARDS J,WALLROTH T. Approaches to the modelling of hdr reservoirs:a review[J]. Geothermics,1995,24(3):307-332.

[117] WILLIS-RICHARDS J. Assessment of hdr reservoir stimulation and performance using simple stochastic models[J]. Geothermics, 1995, 24 (3):385-402.

[118] DERSHOWITZ W S, WALLMANN P. Discrete feature dual porosity analysis of fractured rock masses:applications to fractured reservoks and hazardous waste[M]. Rotterdam:Balkema,1992.

[119] HERBERT A W, LAYTON G W. Discrete fracture network modeling of flow and transport within a fracture zone at Stripa[M]//Fractured and jointed rock masses. Rotterdam:Balkema,1995(12):603-609.

[120] DOE T W,WALLMANN P C. Hydraulic characterization of fracture

geometry for discrete fracture modelling[C]//Proceedings of the Eighth Congress on IRAM. Tokyo:[s. n.],1995:767-772.

[121] BARTHÉLÉMY P,JACQUIN C,YAO J,et al. Hierarchical structures and hydraulic properties of a fracture network in the Causse of Larzac [J]. Journal of hydrology,1996,187(1-2):237-258.

[122] JING L R,STEPHANSSON O. Network topology and homogenization of fractured rocks[M]//Fluid Flow and Transport in Rocks. Dordrecht: Springer Netherlands,1997:191-202.

[123] MARGOLIN G,BERKOWITZ B,SCHER H. Structure,flow,and generalized conductivity scaling in fracture networks [J]. Waterresources research,1998,34(9):2103-2121.

[124] MAZUREK M,LANYON G W,VOMVORIS S,et al. Derivation and application of a geologic dataset for flow modelling by discrete fracture networks in low-permeability argillaceous rocks [J]. Journal of contaminant hydrology,1998,35(1-3):1-17.

[125] ZHANG X,SANDERSON D J. Scale up of two-dimensional conductivity tensor for heterogenous fracture networks [J]. Engineeringgeology, 1999,53(1):83-99.

[126] ROULEAU A,GALE J E. Stochastic discrete fracture simulation of groundwater flow into an underground excavation in granite[J]. International journal of rock mechanics and mining sciences & geomechanics abstracts,1987,24(2):99-112.

[127] XU J X,COJEAN R. A numerical model for fluid flow in the block interface network of three dimensional rock block system[M]//Mechanics of Jointed and Faulted Rock. Boca Raton:CRC Press,2020:627-633.

[128] HE S. Research on a model of seapage flowof fracture networks and modelling for coupled hydro-mechanical processes in fractured rock masses[M]//Computer methods and advances in geomechanics,vol. 2. Rotterdam:Balkema,1997:1137-1142.

[129] 王飞,王媛,倪小东. 渗流场随机性的随机有限元分析[J]. 岩土力学, 2009,30(11):3539-3542.

[130] 陈伟,阮怀宁. 随机连续模型分析裂隙岩体耦合行为[J]. 岩土力学,2008, 29(10):2708-2712.

[131] 李传夫,李术才,李树忱. 非饱和裂隙岩体渗流的统计模型研究方法[J].

岩土力学,2006,27(S1):198-202.

[132] 刘文剑,吴湘滨,张慧.在裂隙岩体中开挖隧道的双场耦合蠕变分析[J].岩土力学,2008,29(11):3011-3016.

[133] 柴军瑞,仵彦卿.考虑动水压力裂隙网络岩体渗流应力耦合分析[J].岩土力学,2001,22(4):459-462.

[134] 周世宁,林柏泉.煤层瓦斯赋存与流动理论[M].北京:煤炭工业出版社,1999.

[135] 梁冰.煤和瓦斯突出固流耦合失稳理论[M].北京:地质出版社,2000.

[136] 赵阳升.矿山岩石流体力学[M].北京:煤炭工业出版社,1994.

[137] 杨其銮,王佑安.煤屑瓦斯扩散理论及其应用[J].煤炭学报,1986,11(3):87-94.

[138] ZHAO Y S, QING H Z, BAI Q Z. Mathematical model for solid-gas coupled problems on the methane flowing in coal seam[J]. Acta mechanica solida sinica,1993,6(4):459-466.

[139] 赵阳升.煤体-瓦斯耦合数学模型及数值解法[J].岩石力学与工程学报,1994,13(3):229-239.

[140] ZHAO Y S, HU Y Q, ZHAO B H, et al. Nonlinear coupled mathematical model for solid deformation and gas seepage in fractured media[J]. Transport inporous media,2004,55(2):119-136.

[141] KLINKENBERG L J. The permeability of porous media to liquids and gases. In: Drilling and production practice,1941:200-213.

[142] HARPALANI S, CHEN G L. Influence of gas production induced volumetric strain on permeability of coal[J]. Geotechnical &geological engineering,1997,15(4):303-325.

[143] SEIDLE J P, JEANSONNE M W, ERICKSON D J. Application of matchstick geometry to stress dependent permeability in coals[C]// Proceedings of the SPE rocky mountain regional meeting. Casper: [s. n.],1992:15-21.

[144] 孙可明.低渗透煤层气开采与注气增产流固耦合理论及其应用[D].阜新:辽宁工程技术大学,2004.

[145] 张天军.富含瓦斯煤岩体采掘失稳非线性力学机理研究[D].西安:西安科技大学,2009.

[146] 陆银龙,王连国,杨峰,等.软弱岩石峰后应变软化力学特性研究[J].岩石力学与工程学报,2010,29(3):640-648.

［147］周思孟.刚性试验机及其在岩石力学中的应用[J].岩石力学与工程学报，1987,6(2):125-138.

［148］FRANTZISKONIS G,DESAI C S. Constitutive model with strain softening[J]. International journal of solids and structures,1987,23(6):733-750.

［149］VARDOULAKIS I. Shear band inclination and shear modulus of sand in biaxial tests[J]. International journal for numerical and analytical methods in geomechanics,1980,4(2):103-119.

［150］WU Y S,PRUESS K,PERSOFF P. Gas Flow in Porous Media With Klinkenberg Effects[J]. Transport in porous media,1998,32(1):117-137.

［151］王学滨,潘一山,盛谦,等.平面应变岩样局部化变形场数值模拟研究[J].岩石力学与工程学报,2003,22(4):521-524.

［152］BAŽANT Z P,BELYTSCHKO T B,CHANG T P. Continuum theory for strain-softening[J]. Journal of engineering mechanics,1984,110(12):1666-1692.

［153］李晓.岩石峰后力学特性及其损伤软化模型的研究与应用[D].徐州:中国矿业大学,1995.

［154］张帆,盛谦,朱泽奇,等.三峡花岗岩峰后力学特性及应变软化模型研究[J].岩石力学与工程学报,2008,27(增1):2651-2655.

［155］杨超,崔新明,徐水平.软岩应变软化数值模型的建立与研究[J].岩土力学,2002,23(6):695-697.

［156］张春会,赵全胜,于永江.非均匀煤岩双重介质渗流-应力耦合模型[J].采矿与安全工程学报,2009,26(4):481-485.

［157］BIENIAWSKI Z T. Deformation behaviour of fractured rock under multiaxial compression. Structure, solid mechanics and engineering design[C]// Proceedings of Southampton Civil Engineering Materials Conference.[S. l.:s. n.],1969.

［158］BRACE W F,PAULDING JR B W,SCHOLZ C. Dilatancy in the fracture of crystalline rocks[J]. Journal of geophysical research,1966,71(16):3939-3953.

［159］CRISTESCU N. Rock dilatancy in uniaxial tests[J]. Rock Mechanics,1982,15(3):133-144.

［160］BAUD P,SCHUBNEL A,WONG T F. Dilatancy, compaction, and

failure mode in Solnhofen limestone[J]. Journal of geophysical research: solid earth,2000,105(B8):19289-19303.

[161] VAJDOVA V,BAUD P,WONG T F. Compaction,dilatancy,and failure in porous carbonate rocks[J]. Journal of geophysical research: solid earth,2004,109(B5):B05204.

[162] GERBAULT M,POLIAKOV A N B,DAIGNIERES M. Prediction of faulting from the theories of elasticity and plasticity:what are the limits? [J]. Journal of structural geology,1998,20(2-3):301-320.

[163] SIMPSON G,GUÉGUEN Y,SCHNEIDER F. Permeability enhancement due to microcrack dilatancy in the damage regime[J]. Journal of geophysical research:solid earth,2001,106(B3):3999-4016.

[164] ZOBACK M D,BYERLEE J D. The effect of cyclic differential stress on dilatancy in westerly granite under uniaxial and triaxial conditions[J]. Journal of geophysical research,1975,80(11):1526-1530.

[165] DETOURNAY E. Elastoplastic model of a deep tunnel for a rock with variable dilatancy[J]. Rockmechanics and rock engineering,1986,19(2): 99-108.

[166] PAN X D,BROWN E T. Influence of axial stress and dilatancy on rock tunnel stability[J]. Journal of geotechnical engineering,1996,122(2): 139-146.

[167] 赵星光,蔡明,蔡美峰. 岩石剪胀角模型与验证[J]. 岩石力学与工程学报, 2010,29(5):970-981.

[168] PATERSON M S. Experimental deformation and faulting in wombeyan marble[J]. Geological society of America bulletin,1958,69(4):465-476.

[169] YUAN S C,HARRISON J P. An empirical dilatancy index for the dilatant deformation of rock[J]. International journal of rock mechanics and mining sciences,2004,41(4):679-686.

[170] BÉSUELLE P,DESRUES J,RAYNAUD S. Experimental characterisation of the localisation phenomenon inside a Vosges sandstone in a triaxial cell[J]. International journal of rock mechanics and mining sciences, 2000,37(8):1223-1237.

[171] JOSEPH S F. Theoretical and experimental investigation of the stability of the axisymmetric wellbore[D]. London:Imperial College,1987.

[172] BOURDET D,GRINGARTEN A C. Determination of fissure volume

and block size in fractured reservoirs by type-curve analysis[C]//The SPE Annual Technical Conference and Exhibition. Dallas:[s. n.],1980.

[173] BARENBLATT G I,ZHELTOV I P,KOCHINA I N. Basic concepts in the theory of seepage of homogeneous liquids in fissured rocks strata [J]. Journal of applied mathematics and mechanics, 1960, 24 (5): 1286-1303.

[174] 张有天. 岩石水力学与工程[M]. 北京:中国水利水电出版社,2005.

[175] DESAI C S,ZAMAN M M,LIGHTNER J G, et al. Thin-layer element for interfaces and joints [J]. International journal for numerical and analytical methods in geomechanics,1984,8(1):19-43.

[176] 唐春安. 采动岩体破裂与岩层移动数值试验[M]. 长春:吉林大学出版社,2003.

[177] 夏蒙棼,韩闻生,柯孚久,等. 统计细观损伤力学和损伤演化诱致突变(Ⅰ)[J]. 力学进展,1995,25(1): 1-40.

[178] 夏蒙棼,韩闻生,柯孚久,等. 统计细观损伤力学和损伤演化诱致突变(Ⅱ)[J]. 力学进展,1995,25(2):145-173.

[179] MASSEY F J. The Kolmogorov-Smirnov test for goodness of fit[J]. Journal of the american statistical association,1951,46(253):68-78.

[180] MILLER L H. Table of percentage points of Kolmogorov statistics[J]. Journal of the American statistical association,1956,51(273):111-121.

[181] MARSAGLIA G,TSANG W W,WANG J B. Evaluating kolmogorov's distribution[J]. Journal of statistical software,2003,8(18):1-4.

[182] 庄楚强,何春雄. 应用数理统计基础[M]. 3 版. 广州:华南理工大学出版社,2006.

[183] 冯增朝,赵阳升,段康廉. 岩石的细胞元特性及其非均质分布对岩石全曲线性态的影响[J]. 岩石力学与工程学报,2004,23(11):1819-1823.